里山の「人の気配」を追って

雑木林・湧水湿地・ため池の環境学

富田啓介
Keisuke Tomita

花伝社

まえがき

この本では、里山一般についてわかりやすく解説するとともに、他の里山に関する本ではあまり大きく扱われてこなかった「湧水湿地」や「ため池」という環境を通して、より深い里山の姿を紹介しようと思う。はじめて里山について学ぶ人には初歩の部分から平易に、ある程度里山に親しんでいる人にも新しい知識や視点が得られるように、ストーリーを進めていくつもりだ。

里山というと、自然が溢れていて、その中にたくさんの生き物たちが住んでいるというイメージが定着している。でも、里山は、人が作った自然だと聞いたことはないだろうか。じゃあ、本当に自然が溢れているって言っていいのだろうか。さあ、わからなくなってきた。

そもそも、里山って一体何だろう?

日本にどれくらいあるのだろう?

なんで、そこに生き物はたくさんいるのだろう?

まずは、こうした疑問を、難しくならない程度に学問的な視点も交えて解き明かしてゆくことにしよう。それを踏まえたうえで、里山の中に点在する「湧水湿地」という変わった空間や、

「ため池」という水辺にもみなさんをお連れしたい。これらは、ほかの里山を紹介した本ではほとんど触れられていない、どちらかというとマイナーな環境だが、毛嫌いせずに付き合ってほしい。新しい里山の一面が見えてくるはずだ。

この本の全体を通じたテーマは、里山という場所での人と自然の付き合いだ。里山には「人の気配」が溢れている。そこには常に人がいて、自然に対して働きかけをしていた。それこそが、里山を里山たらしめている一番大切なものだ。それぞれの時代、人は自然にどんな働きかけをして、結果、自然はどう変わったか。また、自然は人の社会や心の中にどのような影響をもたらしたのか。この本では、場所や対象を少しずつ変えながら、これを探ってゆく。そのためには、里山をとりまく人の文化や社会についても視野を広げないといけない。したがって、この本には生き物もたくさん登場するけれども、必ずしも彼らだけがこの本の主役ではない。もう一方の主役は、里山に生きる人々だ。

里山は日本全国にある。しかし、全国各地の事例を広く浅く紹介するより、一つの地域の事例を掘り下げたほうが、より里山の素顔に迫ることができると考えた。そこで、総論的・全国的な話は別として、具体的な事例の多くの部分は愛知県尾張地方とその周辺に偏っている。尾張地方を取り上げたのは、筆者がこの地方の出身で以前からよく観察してきた場所であり、これまで行った研究もこの地方を事例としたものが多いからだ。この地方の里山が特別優れているからではないし、日本の里山を代表するような場所だからというわけでもない。どこにでもある、変哲もない都市周辺の里山の事例として扱っていることを断っておきたい。

また、第一章は、ほぼ筆者の個人的な経験のみに基づいて書いたもので、他の章と毛色が違っている。これを冒頭に付け加えたのは、里山という場所を筆者がどう感じたのか、里山の中でも湧水湿地・ため池といった部分になぜ注目したのかについて、第二章から第四章のガイダンスとして触れておいてもよいのではないかと考えたからだ。

それでは、里山の探検に出発しよう！

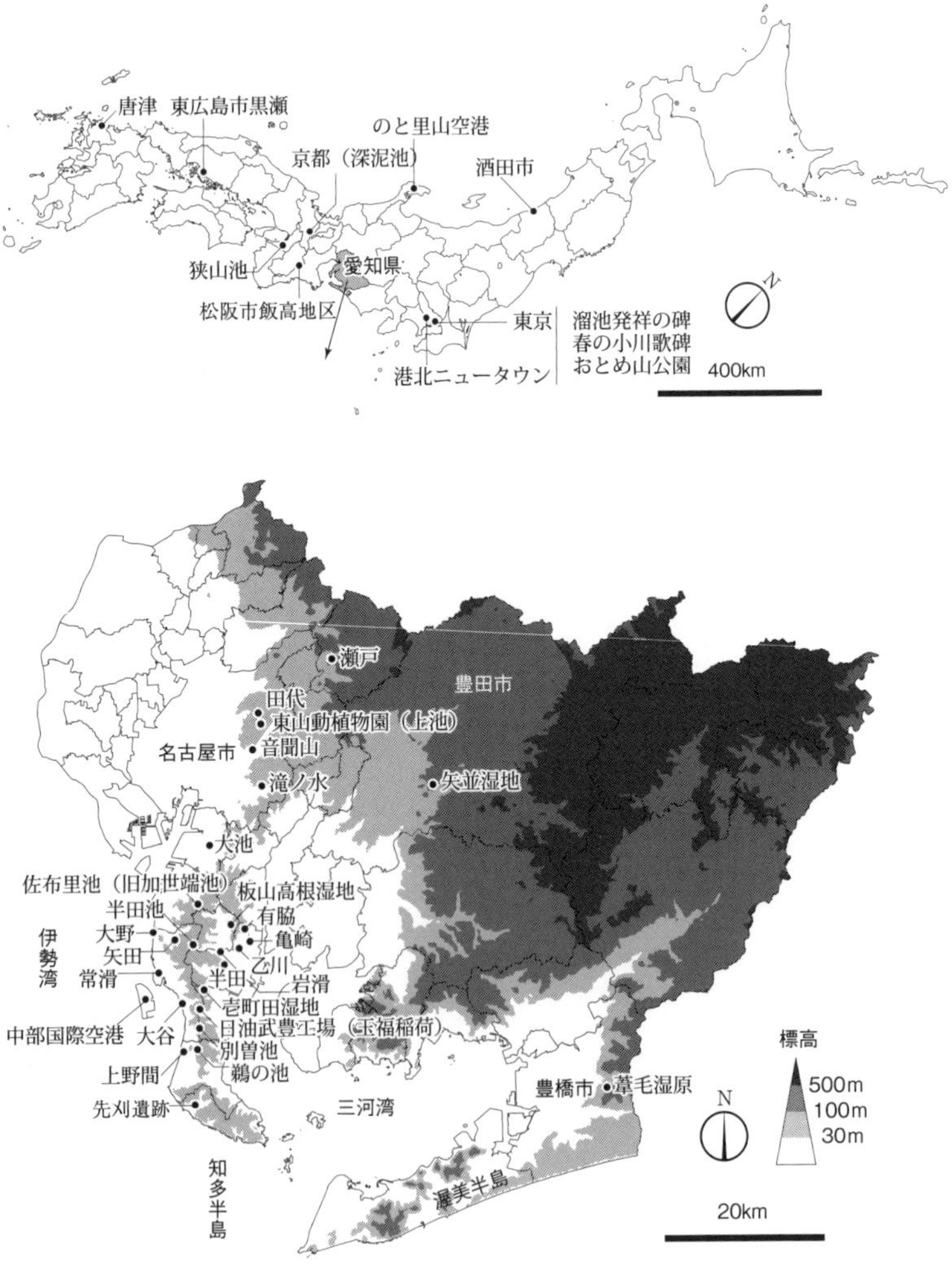

本書で取り上げた主な場所

里山の「人の気配」を追って——雑木林・湧水湿地・ため池の環境学◆目次

第三章　里山の異空間・湧水湿地

第四章　様々な顔をもつため池

第五章　現代の私たちにとっての里山

第一章　里山へようこそ

1　谷戸という桃源郷

都会に咲く野の花

鈴木樹雄さんの運転する白い軽トラックは、春浅い知多半島南部の田舎道を走っていた。窓の外には、芽吹き前の寒々しい落葉樹と深い緑色をした常緑樹が混じった森林が、丘陵を覆っているのが見える。助手席の私は、砂利道で弾む軽トラックの振動に身をゆだねながら、これから案内してくれるというハルリンドウの群生地の様子を想像した。春早い時期に咲く、ぜひとも見たかった植物の一つだ。三月も半ばだというのに、どんよりとした曇り空の肌寒い日だったからちょっと心配だった。果たして、あの本に掲載された写真のような、明るい水色をした小さな花を見ることができるだろうか……。

その花の写真集を図書館で見かけたのは、中学生の頃だった。今から二〇年ほど前のことになる。『なごや野の花』（安原、一九九〇）という身近な地名の付いたタイトルに興味を引かれて書架から取り出し、ページをひらくと、初めて見る植物の写真が次々に登場した。ページの上半分に花の写真があり、その下に撮影したときの状況などを記した情緒のあるエッセイが書かれている。もともと植物に興味があったこともあって、借りてじっくり読んでみることにした。しばらく読み進めて、ふとタイトルが気になった。『なごや野の花』と言うからには、掲載されているのは、すべて名古屋市内で撮影した野の花なのだろうか……？　あとがきを確認すると、その通りだった。ガーンと頭を殴られたような衝撃を覚え、しばらく興奮が覚めなかった。図鑑にあるような花を見に行くには、電車で何時間もかかるような山奥に行かなくてはいけないと思っていた。それが、名古屋のような何百万人も住む都市に、一冊の本になるくらい野の花があったとは信じられなかった。

当時私は、名古屋から南に延びる知多半島の中ほどに住んでいた。電車で三〇分ほど揺られれば名古屋に至る、半田という街だ。ベッドタウンとしての開発は進んでいるけれども、半島の中央部には標高三〇から一二〇メートルほどの起伏に富んだ丘陵が存在するし、そうした場所にはいくばくかの緑が残されている。こんなところには、あの本に掲載されている花はもちろんのこと、もっとたくさんの種類が見られるに違いない。よし、それなら確認してみようではないか。私は、本の興奮が冷めぬうちに、野の花が本当にあるのか近辺を探索してみることにした。

下調べをするという段取りもなく、学校が休みの日に自転車に乗って、家の周りの自然のありそうな場所を、あてもなく訪ねた。買い物などのために、市街地のほうに自転車で出かけることは多くあったけれど、その逆方向となるとほとんど未知の領域だった。

住宅地から数十分も自転車を走らせると、雑木林やため池の見える田園風景が広がる。私は、何かありそうだ、という根拠のない直感に従って、いろいろな道を開拓することにした。舗装路が砂利道になり、ついに歩くのがやっとのけもの道になると、そこに自転車を置いて分け入ってみる。ずんずん進むと、雑木林が唐突に終わって明るい日差しが差し込む畑が開けていることもあったし、道が藪の中に消えていてやむなく引き返したこともあった。生まれてからずっと住んでいる地域なのに、こんなにも知らない場所があったのかと思うと不思議な気がした。

その道すがら、タンポポやオオイヌノフグリ、アセビなど小さな花を見つけては写真を撮った。知らない植物に出会うと、家に帰って図鑑で調べた。そうしていくうちに、下手な花の写真がだんだん溜まっていった。ところが、なかなか出会うことができない植物も多くあった。先達者もなしに一人で歩き回ることの限界だったのだろう。

そんな折、隣町に住む遠い親戚の話を家族から聞いた。その人は、湿地の保全活動や自然観察の指導員をしているという。それが、鈴木さんだった。この人に聞けば、野の花がもっと咲いているところを教えてくれるかもしれない。さっそく、指南をしてほしいと手紙を書いてみることにした。しばらくして返事を頂くと、会いに行った。見たい植物の話をすると、「それなら今の時期はハルリンドウだね。さっそく今度行こう」と誘ってくださった。

ハルリンドウの谷戸

「そろそろ目的地に到着するよ」と隣から鈴木さんの声がする。「ここにはね、春になるとハルリンドウが咲いているかどうか、毎年確認に来る場所なんだ」。
軽トラックは大きなため池の縁を回り込んで、丘陵に細長く刻まれた谷の入り口に停められた。土色の田んぼが谷のずっと奥まで続き、モスグリーンの低い丘陵が三方を取り囲んでいる。こうした地形を谷戸《やと》とか谷津《やつ》ということは、後で知った。会って日の浅い鈴木さんに案内されるという緊張がほぐれてくるような、やさしい景観だと思った。

谷の側面には、農作業用の細い道が付いていて、谷の奥へと伸びている。慣れた足取りで鈴木さんが歩いていくので、遅れないようについていかねばならなかった。道を進むと、足元に地下水が滲み出しているのか、水浸しになった斜面があった。足を止めた鈴木さんは、不意にしゃがみ込むと、そこにもしゃもしゃと生えている小さな葉っぱを数枚むしり取った。そして、どこに入っていたのか携帯用のルーペを取り出し、その赤茶けた色の葉っぱを覗き込む。何だろうと思っていると、「覗いてごらん」と、葉っぱとルーペを渡された。

早春の谷戸。谷の奥まで水田が続いている。
1997年ころ、愛知県武豊町。

拡大したモウセンゴケの葉。無数の突起の先に、虫を捕える粘液が光る。2009年5月、愛知県常滑市。

その葉っぱには、よく見ると無数の細かな突起が生じていた。ルーペ越しに見ると、その先端に一つ一つ水滴が宿り、それらが淡い光にキラキラ光っている。そういえば、これも『なごや野の花』で見たことがあった。何という名前だったかな、と思っていると「食虫植物でね、モウセンゴケと言うんだよ」と鈴木さん。水滴だと思ったのは、虫を捕えるための粘液だという。

モウセンゴケの生育する斜面から、あぜ道を伝って反対側の側面に行くと、小さな川が流れていた。何種類もの低木がこの川に覆いかぶさるように生育していたが、その中に、毛皮をかぶった大きな冬芽をいくつも枝に付けているものがあった。この植物は、正月用の切り花として花屋においてあるのを見たことがあった。「ほぉ、ネコヤナギがこんなところにもあったのか。私も初めて知ったよ」。鈴木さんはまるで自分の庭のことのように喜んで眺める。私も、園芸植物とばかり思っていたネコヤナギが自生しているところを初めて見て、気分が高揚した。食虫植物やネコヤナギなどという珍しいものが、こんな身近な場所にあるのか。なんだか、この場所が俗世から隔てられた桃源郷のように感じられた。

目的のハルリンドウは、谷戸の行き止まりに近い田んぼの土手にあるという。到着してあたりを見渡すと、まだ若草の時期には少し早いので、茶色く枯れた草がわずかな風に揺れてかすかな乾いた音を立てていた。ハルリンドウらしきものは、ぱっと見ただけではわからない。「よし、探そう」。鈴木さんは、慎重に土手を登りながら、号令をかけた。行けばすぐに見られると思っていたが、探さないと見つからないらしい。よし来た、見たかった植物を見るための儀式としていかにもふさわしい。ハルリンドウの花の色と形はしっかり頭の中に焼き付けてあった。それを頼りに、いくつかの土手を登ったり下りたりしながら、枯草をかき分けてハルリンドウを捜索することとなった。あちらの土手、こちらの土手と移動していくと、冷えた体がぽかぽか暖かくなってきた。

どれくらい時間が経っただろうか。少し離れた場所を捜索中だった鈴木さんが、「おかしいなぁ」と呟きながらこちらに顔を向けた。いくら探しても見つからないという。私のほうでもそれらしいものは発見できない。「少し時期が早かったのかもしれないね」。鈴木さんが声を落とす。仕方なく、この日は諦めて帰ることになった。

ハルリンドウは確かに残念だったけれど、桃源郷のようなこの谷戸を教えて頂いただけで、

ハルリンドウ。ほかの草花がまだ芽吹かない時期に咲き始めるのでよく目立つ。2000年4月、愛知県武豊町。

私は感謝のうえに大満足だった。

次にこの谷戸に行ったのは、しばらくのちの週末だった。この日は、打って変わって春らしい陽気だった。もしかしたら、前に見られなかったハルリンドウが咲いたかもしれない。私は自転車に乗って谷戸を目指した。

目的地にたどり着くと、寄り道せずに例の土手へ向かった。相変わらず乾いた枯れ草が覆っていたが、よく見ると、所々に青い花が顔を覗かせているのがわかった。念願のハルリンドウだ。近づくと、写真で見るよりも遥かに透き通るような青い色をしていた。

あとで図鑑を調べて知ったことだが、ハルリンドウは晴れた日にしか花を開かない。鈴木さんと最初に訪ねたときは、曇り空だったために花がしぼみ、見つけにくい状況だったのだろう。晴れた日にしか咲かない、というその特徴は、春を告げる花という印象を特に際立たせる。ハルリンドウの咲く土手は、太陽からの熱をしっかりと吸収して、ふんわりと暖かい。知多の方言で、暖かい日だまりのことを「ぬくとまり」という。ハルリンドウの土手は、まさにそんな言葉で表現するのがぴったりの場所になっていた。陽だまりの中には、ハルリンドウのほかにも黄色いミツバツチグリの花も咲いている。季節を追うごとに、さらに様々な花が咲きそうな場所であった。

人の気配のある安心感

帰宅後、この桃源郷の場所を地図で改めて確認した。いくつも集まった等高線で表現された、こんもり盛り上がった丘陵の中にあって、指で突っついたように凹んだところが谷戸だ。地盤の隆起によって形成された丘陵が、長い年月の間に流水によって浸食を受け、木が枝分かれをするかのごとく谷が成長した結果である。

知多半島を含めた尾張地方には「〇〇ハザマ」(狭間・廻間・迫などという字が当てられる)という地名がよく見られる。これも、谷戸と同じ地形を指す言葉だ。よく知られている例を挙げるなら、知多半島の付け根に位置する桶狭間がある。遠い戦国の時代、織田信長が今川義元を討った古戦場だ。こうした小さな谷の地形を、片っ端から地図上で探ってみると、知多半島のあちこちに残っていることがわかった。今でもこれだけあるということは、かつて一帯は谷戸だらけだったに違いない。かつての知多半島の面影を残す谷戸は、どんな場所なのだろう。興味の湧いた私は、地図で見つけた谷戸を一つ一つ訪ねてみることにした。

早苗の植わる田んぼと農機具小屋。2000年5月、愛知県半田市。

谷戸は湧水に恵まれて、たいていの場合、それを利用した田んぼが細く長く開けている。谷戸田《やとだ》、谷津田《やつだ》といわれる形状の水田である。地質が変わり、地形が急峻になる南知多のほうへ行くと、谷戸はより細く深くなるが、そんなところにもずっと奥まで田んぼがあった。

谷戸の田んぼの脇には、しばしば農機具小屋があった。知多半島にある古い集落では、腐食防止のためだろう、ほとんどの民家がコールタールで壁が黒く塗られている。おまけに瓦も黒いので、集落を抜ける細い道に入ると、真っ黒な迷路の中に迷い込んだような印象を受ける。それに倣うように、谷戸に点在する小さな農機具小屋も、黒く塗られているのである。

農機具小屋の素材は、昔ながらの木材と瓦である。トタンの波板が使われているのもあるが、それもわざわざ黒く塗ってあるのが面白い。大きさはそれほど大きくない。時々、ハザ架けにつかう材木がぎっしり詰めこまれているものがあって、その断面が創り出す幾何学模様が造形的である。外に、収穫された玉ねぎや軍手がぶら下げられていることも多い。

すでに使われなくなった農機具が、裸のままごろりと谷戸田のあぜ道に放置されていて、びっくりすることもあった。一番驚いたのは、半田市の北隣にある阿久比《あぐい》町の水田の脇で見た、博物館にあるような田舟《たぶね》である。田舟は、かつてこの地方に多く存在した泥の深い湿田で、刈り取った稲や肥料などを運ぶために使う道具である。現在の知多半島では、土地改良によって、そのような湿田はもはや存在しない。そんな十数年前の道具がまだ残っているのだ。ほかにも、牛車《ぎゅうしゃ》か手押し車に使われたらしい木製の車輪や、朽ち始めたイル（ため池の栓）などが無造作に置いてある場所もあった。

深い谷戸に入り、その奥のほうまで行くと、視界が完全に丘陵に囲繞《いじょう》されているために、世俗から隔絶された桃源郷の雰囲気がより濃密に感じられる。閉塞された空間であり、場合によっては不安を覚えてもおかしくない。ところが、むしろじんわりとした安心感に包まれるのが不思議だった。

谷戸にはたくさんの野の花が咲いており、写真を何枚も撮影した。こうした経験から、谷戸は優れた自然環境であることが明確に理解できた。しかし、高山のお花畑や原生林とは、受けるイメージがまるで違った。雄大さや荘厳さはそこになく、身の丈に合った温かさがあった。こう感じるのは、景観全体がこじんまりとしていることや、身近な場所であるということもあるだろう。しかし、張り巡らされた作業道や黒い農機具小屋、無造作に置かれた農機具といった「人の気配」が、原生的な自然と異なる雰囲気を醸し出す最たる理由ではないだろうか。人はこの場所で、何代も前から耕作を行い、薪を取るという行為を営々として行ってきた。その歴史の積み重なりの延長にあることが、景観からじかに確認できるからこそ、雄大さや荘厳さの代わりに、安心感や温かさを呼び起こすのだろう。

折しも私が知多半島の谷戸を歩き回った一九九〇年代は、愛知万博の開発問題が持ち上がり、東海地方では都市近郊の自然環境に関する話題がよく報道されていた。そうした話題の中で、「里山」という言葉をよく耳にするようになった。里山という言葉の意味を確かめてみると、人とかかわりのある自然環境のことだという。これまであちこち訪ねた谷戸の世界は、里山と呼ばれる場所だったのか。そう気づかされることになった。

里山を、里山たらしめているのが人の気配だ。ならば、人の気配はどのように里山にもたらされたのか。言い換えれば、里山が作り出される過程と、里山を維持する人々の活動はどんなものであったのか。そして、充満する人の気配の中に、ハルリンドウをはじめとした、たくさんの生き物が生育している理由は何なのか。これが、この本で取り上げる最初のテーマである。

2　シラタマホシクサの咲く湿地

星空の産まれる場所

鈴木さんには、いろいろな場所を案内していただいた。中でも、半田市の南隣にある武豊町の壱町田《いっちょうだ》湿地は、鈴木さんが熱心に保全活動に携わっていた場所だったから、何度も連れて行ってもらった。湧き水によってできた、湧水湿地《ゆうすいしっち》と呼ばれる湿地だ。この湿地は、一時期開発で消えてしまう運命にあったが、現在は県の天然記念物や自然環境保全地域として周囲の雑木林とともに保護されている。普段は保全関係者のほかは立ち入ることができない場所なので、見せていただけたのはありがたい配慮だった。

壱町田湿地は、雑木林にぽっかりと穴が開いたようにみえる、二つの湿地から成る。二つ合わせても、小学校の体育館にも満たないくらいの大きさの湿地には、多種多様な植物たちがひしめき合うようにして生育している。

細長い葉一面に腺毛を生やして昆虫をとらえるシロバナナガバノイシモチソウ。高さが一センチメートル程度しかない超ミニチュアのヒメミミカキグサ。こうしたものをはじめとして、今や全国的にごく限られた場所にしか自生地を持たない植物が、この湿地に数多く存在する。湧水湿地は、なんと多くの希少種が寄り集まっている場所なのだろう、と驚かされるばかりだった。そうした植物たちの中でも、とりわけ見たいと思っていたものがあった。シラタマホシクサだ。

シラタマホシクサは、東海地方に固有の一年生植物である。湿地に群生し、九月になると三〇センチメートル程度の花茎を伸ばし、その先に一つ、直径一センチメートルに届かないくらいの白く丸い花をつける。これが湿地一面に花を咲かせる様子は、まるで地上に現れた星空のようでもある。

『なごや野の花』でシラタマホシクサの写真を見たとき、私は高い山の湿原を埋め尽くすワタスゲを連想した。幻想的なその様は、電車とバスを何時間も乗り継いでいくような遠い山の中にこそふさわしい景観だった。しかし、それと同じような景観が、近所の湿地にある。このことを考えると、胸が躍った。鈴木さんにその話をすると、「よし、私の知っている群生地があるから、咲く時期になったら連れていってあげよう。壱町田にもあるんだけどね、そこよりもたくさん咲いている場所だよ」と請け合ってくれた。

湧水湿地の秋の到来は、花の色の変化で気づかされる。朝晩の気温が少しずつ下がり、過ごしやすくなってくると、次第にサワシロギクやイワショウブなどの白い花が増える。シャアシャアとけたたましいクマゼミの合唱が、いつのまにか郷愁を帯びたツクツクボウシに替わっているのと同じで、はっきりとした変化のピークはわからないが、気が付くと、湿地の色は静けさが感じられるようになっている。その仕上げをするのがシラタマホシクサだ。

壱町田湿地から北へ一〇キロメートルほどの丘陵地帯に、鈴木さんの言う群生地はある。数年後この湿地は、「板山高根湿地」という名前で、所在自治体である阿久比町が保全を始めることになる。今では公開日も設けられているが、当時は知る人ぞ知る場所だった。私もそれまで行ったことはなかった。

壱町田湿地の作業が終わってからだったから、時刻は夕刻近かった。湿地にほど近いため池の横に車を停めた鈴木さんは、いつものように勝手知ったる風でずんずんと浅い谷戸の奥へと歩いてく。やはりここも、小さいとはいえ谷戸だった。田んぼの稲穂は大きく湾曲してこうべを垂れ、風が吹くと、一定の面積がまとまってずんわ、ずんわ、と重そうに沈んだ。谷戸の最奥部まで来ると、雑木の茂みの中に鈴木さんはかき分けながら入っていく。私も急いでそれに続いた。

シラタマホシクサ。湿地一面が白い球形の花で覆われることがある。愛知県知多半島。

不意に目の前が開けると、木々に囲まれたグラウンドのような空間が現れた。これが目的の湿地だという。見慣れた壱町田湿地よりもずっと広く、同じタイプの湿地だとは俄かには信じられなかった。日はだいぶんと傾き、湿地の中にマツやヒサカキなどの雑木の影がじわじわと浸食していた。目を凝らすと、そうした影の中に、白い粒々が泡立つようにして白く浮かび上がっている。やがて、それがシラタマホシクサだとわかった。はっと息をのむような景観だった。高い山の湿原に咲くワタスゲに勝るとも劣らぬ、素晴らしい「星空」だと思った。

湿地公開日に聞いた話

高校生になると、壱町田湿地の一般公開日に、自然観察のガイドをやらせてもらうようになった。普段は保護区として立ち入りができないこの湿地は、関心のある人々のために、夏に数日間の一般公開日が設けられている。年や天候によって変動はあるが、平均すると一日に一五〇人から二〇〇人が押し寄せる。見学者は町内や近隣市町の住民が多いが、遠くは県外からわざわざ訪れる熱心な方もいる。

湿地の保全グループ「壱町田湿地を守る会」のメンバーにとって、公開日は朝から大忙しだ。まず、入り口に設ける受付の机や椅子、湿地を紹介する映像再生の準備。蒸し暑い時期なので大型の扇風機も組み立てる。それと並行して、植物のサンプルを湿地内から調達し、受付に陳列して虫眼鏡を添える。湿地内には擬木でできた観察橋が渡してあるが、その手すりに単眼鏡を括り付ける。小さな植物ばかりなので、あらかじめめぼしい花に焦点を合わせておき、見学者にはそれを通してミクロの世界を楽しんでもらおうという趣向だ。

開場時間が過ぎると、私たちガイドは、長い竹の竿を持って観察橋の要所に立つ。竿の先で湿地内の小さな植物を指し示しながら、そこから見える植物やその観察ポイントを紹介するためだ。小学生を交えた家族づれは、たいてい夏休みの自由研究が目的である。子どもたちは、熱心に説明をメモしたり、お父さんやお母さんから借りたカメラで、神妙な顔つきで写真を撮っている。写真といえば、大きな望遠レンズを抱えたおじさんたちも多い。ミミカキグサなどの小さな植物の見えるポイントに三脚を据え、渾身の一枚をものにしようと何十分も粘っている。なんとなく立ち寄ったという風の、あまり解説に興味のなさそうなグループも、「よかったら単眼鏡を覗いてみてください」と促すと、「ほぉ！　こんな植物があったのか。通路から眺めるだけじゃあ、何も見えんもんなあ」と感心してくれる。

いろいろなお客さんの相手をしながら、炎天下の中にずっと立っていると、汗がだらだらと滴り落ちる。なかなかに大変である。しかし、時にはお客さんからなかなか面白い話を聞かせてもらうこともある。ガイドの役得である。

ある高齢の女性は、湿地の縁に咲くワレモコウの花を見て、「こんな花は、昔はどこにでもあったよ」と懐かしがった。ワレモコウというと、私にとっては限られた場所にしか見られない珍しい花であったが、彼女にとってはまったくそうではないらしい。さらには、昔は湿地の中に入って歩いたもんだよ、草履を履いた足に食虫植物の粘液がついてべたべたした、などと教えてくれる人もいた。

壱町田湿地の保全をめぐるドキュメンタリー作品『幻の花々とともに』（上原、一九九三）にも、湿地の中を歩く人の話が出てくる。昭和二十年代頃、近所の住民は、壱町田湿地を取り巻く雑木林にネズやヒサカキを取りに入っていたという。「時には湿地の中へも入って、どしどしと歩き回っていた」のだそうだ。私の感覚からすると、湿地は厳重に保護されるべき場所であって、中に入って無造作に歩き回るという行為は考えられなかった。

こうした話をいくつも聞くにつれ、今でこそ保護対象として日常から隔離されている湧水湿地は、かつては日常のど真ん中にあったのではないかと考えるようになった。つまり、湧水湿地にも人の気配が感じられるのが本来の姿で、里山と一体のものだったのかもしれない、と。

日常の中の湧水湿地

そのころ私は、「藤井セミナー」と呼ばれる自然科学の勉強会に参加していた。この勉強会には、地域の学校の教員や、自然科学に興味のある方々が参加しており、月に一回、外から講師を招いたり、時には持ち回りで、それぞれの専門分野・関心分野の紹介をしていた。ある時、セミナーを主宰していた高校教員（当時）の藤井真理子さんから、「富田さんはいろいろと里山の研究をしているそうだけど、一度、みんなの前で紹介してくれませんか」と頼まれた。突如として大任を引き受けることとなった高校生の私は、それまで撮りためた花のスライドを見てもらいながら、なんとかかんとか里山の魅力や現状について話をした。それからしばらくして、藤井さんは、「私の母が、昔の里山のことをよく知っているから、今度話を聞いてみますか?」とおっしゃった。里山の魅力である「人の気配」について、もっと深く知ることができるかもしれない。願ってもない機会だと思った私は、「ぜひお願いします」と答えた。指定された日に藤井さんのお宅に伺うと、品のよさそうな女性が笑顔で出迎えてくださった。彼女は、間瀬時江さんと言う。

間瀬さんは、一九二三（大正一二）年に半田市の北部ある乙川《おっかわ》という地区で生まれた。現在でこそ住宅がびっしりと並ぶ街であるが、当時は田んぼや畑の広がる農村だった。

間瀬さんの家は農家ではなかったが、乙川から何キロか離れた、常滑《とこなめ》市と半田市の境界付近に家族が土地を入手し、そこに通って農作業をしていた。一九三六、七（昭和一一、一二）年の頃のことである。「半田池の手前の、小さいため池のあたりから、なだらかに左に登っていく道があったの。そのあたりに、谷あいが段々になっている田んぼがあって、その途中なかあたりの土地だったと思う」と間瀬さん。そこには作業小屋があった。「山小屋のような感じで寝られるようにはなっているけれども、ひと部屋が納屋で、もうひと部屋が（人の住める）六畳くらい。時々は泊まったらしい」。納屋には、脱穀や籾摺りをする道具があったという。谷戸で見た農機具小屋を少し大きくしたような建物だろうか。

間瀬さん自身は、間もなく始まった太平洋戦争中、中島飛行機という軍需工場に勤めていたが、一九四五（昭和二〇）年に終戦を迎えると勤めを辞めることになった。

「それで、食料不足もひどくなったこともあって、九月に二週間くらい百姓の手伝いに行った。そうだね、その頃初めてシラタマホシクサを見たの。新鮮でね、『わぁ、あんないいものがあるんだなあ。あんな丸いものがポンポンとある花があるんだなあ、珍しいなあ』ってね。田んぼの畦道だったかね、道を通りながら見えたもんだね」

シラタマホシクサが、彼女のお話の中にするりと姿を見せた。私は不思議な感慨を覚えた。八月に国が戦争に負けたばかり。しかも慣れない農作業を手伝いに行く道中。間瀬さんにとって、この時の体験は非日常だったかもしれない。だからこそ、鮮烈に記憶に留まっているのだろう。しかし、シラタマホシクサが生育している場所を考えてみると、それは紛れもない日常の空間だった。間瀬さんの家族は、自宅と農地との往来で、日常的にそこを通っていたのだから。

壱町田湿地の来客から伺った話と、まったく同じだった。湧水湿地はやはり、ありふれた里山の中にある、変哲もない空間に過ぎなかったのだ。しかし、それがいつの間にか非日常の世界へと変質してゆく。では、日常の中に湧水湿地があったのは、いつぐらいまでなのだろう。

追ってお話を伺った常滑市にお住いのAさん（女性）は、昭和三〇年代に子供時代を過ごした。覚えている最初の記憶は、幼稚園のころ、牛車の荷台の藁の上で揺られているところだという。当時住んでいた家から四キロメートルほどの山あいに、両親が田畑を持っており、そこへ連れられていく途中のことだった。そのころ、牛で耕している農家はまだ普通にあった。耕作地は棚田で、上部にやはり作業小屋があった。後で聞いた話では、赤ん坊のころ、両親が農作業をしている間、籠に入れられてその横で眠ったのだそうだ。

棚田を取り巻く一つ一つの景観に、名前がついていた。ため池は、マタベ池。春になると大量のフナが湧いた。子供でも、釣り糸をたらせばすぐフナが釣れた。雑木林はジンベ山。車がやっと通れるほどの細い道のすぐ南は、オテラ田。腰まで泥につかるような深田で、ウナギが捕れた。オテラ田の周辺や、作業小屋の横の湿った部分には、湿地植物がいっぱいあった。当時は名前などわからなかったけれど、後で知ったところでは、シラタマホシクサ・ミミカキグサ・サワシロギク・ノギランなどを見たような気がする、と教えてくださった。

ところが、昭和五〇年代に圃場整備の対象となると、ブルドーザーが入って、マタベ池やジ

間瀬時江さんの思い出の中にある里山の植物たち。スミレ、フデリンドウ、ツクシなど。シラタマホシクサもその一つだ。イラスト提供：間瀬時江さん。

ンべ山、柿の木のあった棚田やコイのいた井戸などが次々と潰されていった。昔の里山の風景と今とは比べられないほど変化した。この風景を見ると寂しさがこみ上げるけれども、お年寄りが中心の農業になってしまった今、仕方のないことかな、とAさんは話を結んだ。

間瀬さんがシラタマホシクサを見たと思われる場所も、今は整然と整備された農地が広がり、もはや湧水湿地はない。自生地は思い出の中だけに残り、現実の世界からは大半が姿を消してしまった。何人かの方にお話を伺ってわかったことは、湧水湿地が「希少種の生育地」という意味を持ってくるのはごく最近のことだ、という事実だった。繰り返しになるが、かつて里山で生活した人々にとって、湧水湿地にそのような認識は全くなく、ありふれた日常の風景の一つだった。

とはいえ、たくさんの希少種を産する湧水湿地は、里山と結びついている自然の中では少しばかり異質なものである。私の興味もそんなところから始まったのだが、そもそも、湧水湿地とはどのような場所なのだろうか。あまり知られていない存在だけれど、注目してみると、里山の歴史や重要性と大きくかかわっていることがわかってきた。里山と結びついた湿地、湧水湿地の知られざる素顔に迫ろうというのが、この本の第二のテーマである。

3　光るため池

夕暮れのため池

知多半島の里山を歩くとき、ため池を見ないことはない。ため池とは、田畑を潤すために築造された人工の池である。たいていの谷戸の奥には小さなため池があったし、鈴木さんが案内してくださったハルリンドウの谷戸のように、その入り口に大きめの池が満々と水を湛えている場合もあった。現在は里山を飲み込んで市街地が広がっているから、その名残を示すように、方々の住宅地の中にもため池はある。

その様子は、『刈谷』や『半田』など、知多半島を含む二万五千分の一地形図を見れば歴然とわかる（図1）。誰かがうっかり地図の上に水をぶちまけてしまったのかと思うほど、地図の上には、水色に塗られた大小のため池が密度濃く散りばめられている。以前、知人を案内した際、「ずいぶんと池の多い場所ですね」とびっくりされたことがあった。そういう反応が普通かもしれない。しかし、知多半島で子供時代を過ごした私にとっては、ごく当たり前の景観だった。

小学生の頃、毎年夏休み前になると、教員から生活上の注意事項が箇条書きされたプリントが配られた。そこに書かれた様々な事柄の中には、必ずため池に関する事項が含まれていた。

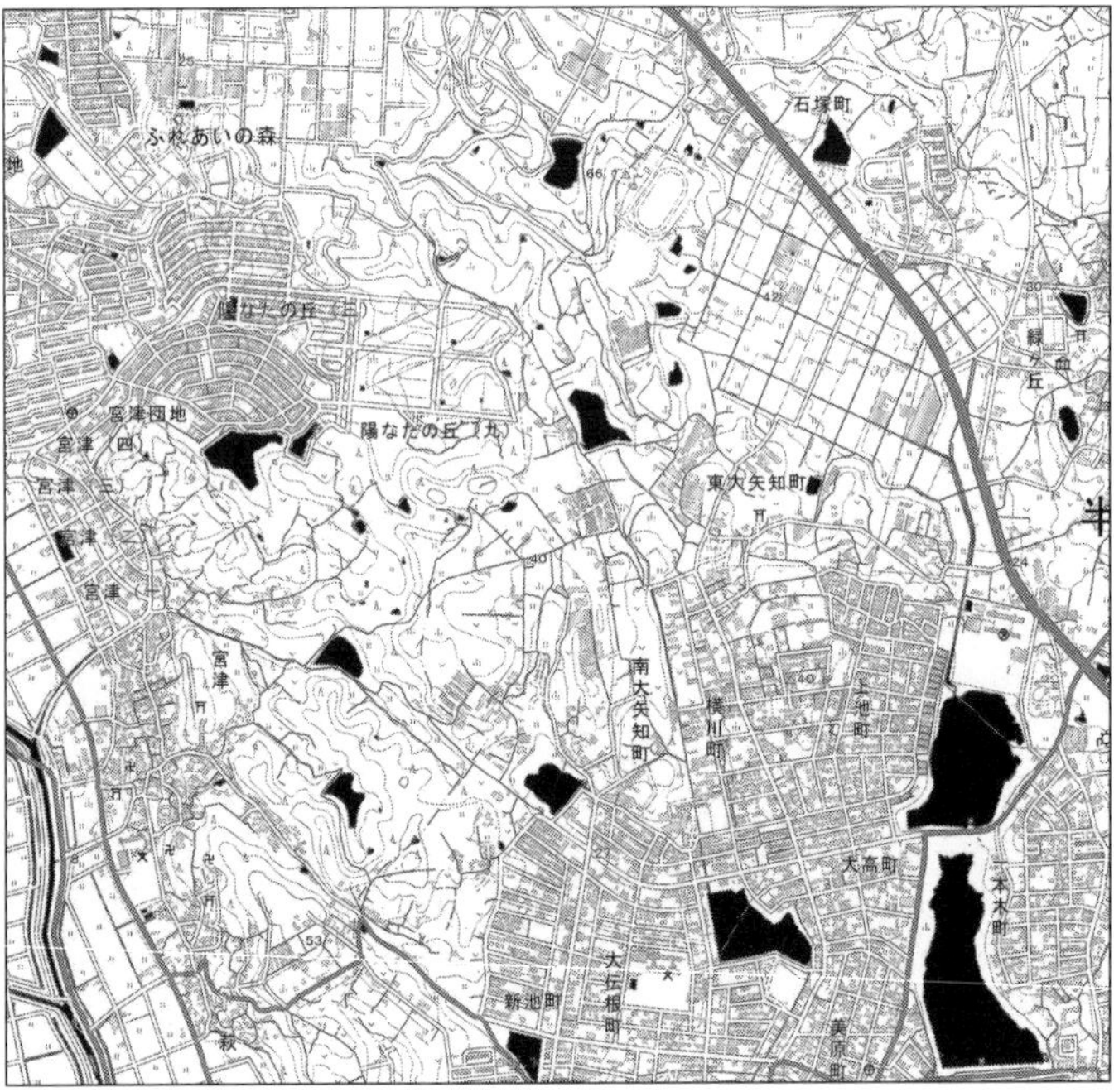

図1　ため池の多くみられる知多半島の地形図（半田市および阿久比町周辺）。ため池をわかりやすくするため、水域を黒く塗りつぶしてある。（国土地理院「電子国土基本図（地図情報）」（2015年4月取得）を筆者が一部加工）

それは、「ため池に一人で遊びに行かない」「ため池にむやみに近づかない」というものだった。実際に子どもが溺れる事故があったのだろう。教員は、私たちに具体的な学区内のため池の位置や名前を挙げさせ、万一落ちたりしたら危険な場所だから、と念押しした。

　子どもたちの頭の中に、ため池は、共通のランドマークとしてすっかり記憶されていた。たとえば、社会科の授業で地域の絵地図を作成するというとき、大きな工場や主要な商店と同じように、ため池はしっかり書きこまれた。そんな誰でもわかる場所だからこそ、教員は念を入れて注意を促したのである。

釣り好きな子どもは別だったかもしれないが、しかし、ため池は敢えて好んで近づこうとする対象でもなかった。なぜなら、日ごろよく見る住宅地の中のため池は、生活雑排水が流れ込んでどす黒く汚れており、陰鬱な雰囲気もあって、あまり魅力的な場所とは思えなかったからだ。

ところが、谷戸を中心として里山を歩くようになると、その認識は変化した。谷戸の奥にあるため池は、住宅地の中のそれと違って非常に澄んでいた。いかにも桃源郷にふさわしい、清廉な印象を与える池ばかりだった。さらに、そこにはタヌキモの仲間やガガブタなど、希少な水草が生育していた。そうしたものを見てからは、訪ね歩くに値する、変化に富んだ里山の自然環境を代表する場と感じるようになった。

ため池に立てられた「あぶない」の警告。2001年頃、愛知県阿久比町。

あるとき、何かの雑誌に掲載されていた、夕焼けの空が反射している棚田の写真を見た。水の張られた田んぼ一枚一枚が残照に照らされ、黒く沈みゆく畦とは対照に、オレンジ色に強く光っていた。吸い込まれていくような景観が印象的で、知多半島でもこのような写真が撮れないだろうかと考えた。空が反射する水域は、知多半島では数多くあるため池がふさわしいと思った。

それから、何度か夕方に里山へ通い、夕焼けが水面に反射するところを撮影した。太陽が完全に沈んだ後、西の空がいよいよ残照で赤みを増すと、ため池は、驚くほど多彩な色に染まる。黄色を帯びたオレンジ色から、次第に赤くなり、最終的には完全な闇の中にぼおっと紺色が残る。それは、これまでカメラに収めた木々の紅葉や野の花の赤とはまるで違う色彩で、幻想的な景観だった。

しかし、実際にその色の変化に立ち会うと、普段見ない景色に触れたというのとは異なる、何か不安をあおるような心のざわめきが感じられた。その不安を突き詰めると、日が沈んだあと、里山が完全な闇の中になることと関係しているようだった。美しい夕焼けは、闇という異世界の到来を告げるものだからだ。

暗闇の中の里山を歩く

ひたひたと夕闇の迫りくる里山は、不気味だ。その日は、高いところからため池と海を見下ろした夕焼けの写真を撮影しようと思い立ち、細い道をたどった先にある小さな丘陵の頂きで日暮れを迎えた。道に迷った挙句に、この時刻に到ってしまったわけではない。帰路はしっかりとわかっている。それでも非常に心細い不安な気持ちにならざるを得なかった。
雑木林の中では、太陽が地平線下に沈んだ途端、光量はあっという間に落ちる。それまで黄色っぽい暖かな光で包まれ、優しく揺れていた頭上の木の葉の群れは、光を放出しきってしまったかと思うほどどす黒く沈み、不気味な音を立てて風に騒ぎ出す。そんなとき、近くの茂みが急にざわつき、「ぐぐぇっ……」という形容し難い奇妙な音を出して何かが飛び出して道を横切って行く。心臓がわしづかみにされ、肝が縮む。よく見れば、この丘陵ではよく出会うコジュケイが、突然の人の侵入にびっくりして飛び出しただけだった。

残光の反射するため池。里山の夜がはじまる。2000年4月、愛知県知多半島。

こんな場所でも、自転車で一〇分も道を下れば、自販機やコンビニのある県道に簡単にたどり着くことができる。そうした安心感が、夕暮れ時まで里山に滞在することを可能にしている。けれども、まわりに人家などなく、数時間かけて集落まで戻らなくてはいけなかったであろう数十年前までの人々にとっては、いくら慣れているとはいえ、里山での日暮れとそれに続く闇の到来は、どんなに恐怖に満ちたことであったか。

街灯もない里山では真の闇が訪れる。大学時代、所属していた山歩きを楽しむサークルの仲間と、夜の知多半島を横断したことがあった。ナイトハイクと呼んだ肝試しの発展形のようなもので、明け方に里山のてっぺんにある標高八〇メートルほどの一等三角点にたどり着き、そこで朝日を見ようという計画だった。

知多半島南部の西海岸にメンバーの実家があり、その離れに泊まらせてもらった。夏のお遊びの合宿だから、夜は遅くまで誰彼ともなく酒を飲んでどうでもよい話をし、仮眠を取るか取らないかのうちに闇の中を横断に出発する。

歩き出してしばらくは、まだ街灯やコンビニが照らす光があり、道も太い舗装された一本道であったから、懐中電灯の灯りで順調に東へ進んでいた。ところが、その一本道から外れて、細い未舗装路へ進んだところから怪しくなった。

幹事だった私は、数日前に下見を行っていた。暗闇を想定してしっかりとコースを設定し、迷わないように通る道の感覚を十分に身に付けておいたはずだった。しかし道は、下見では存在しなかったように思える急な坂道になり、両側には大きな草が生い茂っている雰囲気である。すでに灯りはまったくない。気休めのような懐中電灯はあるが、照らすことができるのはごく狭い範囲でしかない。しかも皆、寝不足のうえ酔っぱらっているから、不安に感じるだけで的確な判断はできない。下手に戻ることもできず闇雲に進んだら、まったくどこを歩いているのか見当がつかなくなってしまった。

まもなくして夜が白み出したので助かった。歩いている道が判別できたので地図で確認してみると、どこを間違えたのか予定した道を少し外れたところを歩いていたようである。なんとか正しいルートに戻ることができ、胸をなでおろした。

こんな体験をして思い出したのが、『和太郎さんと牛』という新美南吉の童話である。

和太郎さんの体験

『ごんぎつね』で知られる童話作家、新美南吉（一九一三〜一九四三）は、知多半島の半田出身である。彼は、生まれ育った大正から昭和初期にかけての知多半島の里山を、様々な童話の中で細やかに描写している。『和太郎さんと牛』もその一つである。

物語の主人公は、年老いた母親とつつましく暮らす牛ひきの和太郎さんだ。牛ひきとは、牛車を引いて荷物運搬をする職業で、今でいうとトラック運転手といったところだろうか。彼は無類の酒好きである。毎日仕事が終わると茶屋で一杯ひっかけるのが楽しみだったが、この日は仕事中から「いちだんとはれやかな」顔をしていた。荷が、おいしい香りのする酒の澱《おり》だったからだ。澱というのは、酒樽に沈殿する乳白色の液体で、酢の原料になる。知多半島は近世から、酒・酢・味噌などの醸造業が盛んだ。実際に知多半島の牛ひきは、こうした仕事も多かったのだろう。

　ところがその日の夕方、ちょっとした事故が起こる。樽が壊れ、入っていた澱が道に流れ出してしまったのである。そのときの村の情景を、物語から引用してみよう。

「百姓ばかりの村には、ほんとうに平和な、金色の夕ぐれをめぐまれることがありますが、それは、そんな春の夕ぐれでありました。出そろって、山羊小屋の窓をかくしている大麦の穂の上に、やわらかに夕日の光が流れておりました」。美しすぎるほどの里山の景観だが、それは先に書いたように、魑魅魍魎《ちみもうりょう》が跋扈《ばっこ》する闇の到来を予感させるものだ。

　物語はこう続く。なんと、和太郎さんの牛は、こぼれた酒の澱をぺろりと平らげてしまう。その帰り、和太郎さん自身も我慢できず、例によって一杯ひっかけてしまう。深酔いした牛と和太郎さんは、家へ帰ることもできず、里山の闇の中に突進してしまう。

　一晩「どこだか、はっきりしねえ」知多半島の里山の中を、「右へかたむいたり、左へかたむいたり、高いところにのぼったり、ひくいところに下りたり」しながら彷徨い歩いた和太郎さんは、翌朝になってやっと村の家にたどり着く。心配して捜索していた村人が尋ねると、和太郎さんは、山の上にあった座敷でもてなされたと話をする。どうやらキツネに化かされたらしい。

　キツネに化かされる話は、第二章で詳しく紹介するが、知多半島の各地に伝わる。少しだけ先んじて紹介しておこう。

昭和二〇年代に半田市内で子供時代を過ごしたある人は、こんなふうに語った。「（キツネに）化かされて裸になって肥溜めでジャバジャバやっとった（風呂に入っていたと勘違いしていた）人がおったとか、（キツネが化けた）誰かに道を聞いてまたもとの所に戻ってきたとか、いい気持ちで寝ていたら牛小屋だったとか、一つ上の世代は、そんな話をしていたようだよ」。一時期、知多半島からキツネは絶滅するが、少なくとも南吉の生きた昭和初期には生息していたことがわかっている。闇の中では、その動物がどのような格好で現れ、何をするか分かったものではない。

もちろん、当時であっても大人はわかっていたはずだ。本当にキツネが人を惑わすことなどないと。しかし、これらのエピソードはまったくの作り話ではなかっただろう。里山に曲がりくねった細い道しかなかった時代、酔った牛に引かれた酔っぱらいが彷徨うという特殊な状況はさておいて、遠方の耕作地から帰る途中で日が暮れ、暗闇の中で、いくら慣れた道であっても迷ってしまうことはいくらでもあっただろう。そしてその途中で方向感覚を失って、とんでもない方向へ歩いていったり、登山用語でいうところのリングワンデルング（同じ道をぐるぐる回ること）をしたり、足を踏み外して肥溜めに落ちたり、そして時には、労働の疲れからうっかり牛小屋で眠ってしまうようなこともあったに違いない。夜の里山は、そのようなことが十分に起こりうる世界だ。そうした出来事を、人々はキツネの仕業として、面白おかしく表現したのだろう。

さて、和太郎さんの物語にはまだ続きがある。村に戻ってきた和太郎さんと牛はぐっしょりと濡れている。それを見た村人は「どこかの池の中でも通ってきたのじゃねえか」と指摘する。和太郎さんは否定するが、和太郎さんのふところからは、フナやゲンゴロウ、カメの子どもなどの水棲生物が出てくるものだから、疑いのない事実であることがわかる。

すでに書いたように、知多半島の里山には、数えきれないほどのため池がある。やみくもに歩けば、ため池に突っ込んでしまうということが実際にあったに違いない。そういえば、一九五〇年代の東京近郊の里山を描いたといわれる映画『となりのトトロ』で、病気の母親にトウモロコシを届けようと、メイという小さな女の子が迷子になる場面がある。捜索に出た村の人々が、村はずれのため池に、メイのものとよく似たサンダルが落ちているのがわかり、大騒ぎになる。実際には違うものだということがわかるのだが、知多半島に限らず、里山のため池はそうした危険性を孕んだ場所だった（余談だが、もっと言えば、メイが迷子になった時刻は美しい夕暮れ時であり、その後「猫バス」という異世界に通じる生物と出会い、それに乗って空間を日常的でない方法で移動する。偶然か否かはわからないが、この部分は『和太郎さんと牛』とよく似たストーリー展開である）。

しかし、ため池は単なる里山の危険地帯というだけの存在ではない。それは、和太郎さんの物語の不思議なエンディングが示唆している。池に潜ったらしい和太郎さんの牛車には、見知らぬ赤ん坊の入った籠が置かれていた。独身だった和太郎さんの欲しがっていた、待望の男の子である。

母親を大切にしていた和太郎さんの心がけが、このことを導いたのだという解釈がある。しかし、私は少し違った解釈をしてみたい。ため池は、水の得難かった知多半島において、命のごとく大切にされた灌漑設備である。ため池があるからこそ、谷戸の水田の稲がたわわに実る。その意味で、命の源のような場所であり、それを表象しているのが、和太郎さんが授かった赤ん坊なのではないかと。知多半島で暮らした南吉は、そういう感覚を持っていたのではないかと思う。

もちろん、物語の読み方に正解はない。けれども、ため池が里山において重要なランドマークであること、重要な水源という特異な価値づけをされた存在であったこと、また、深い闇が覆うこともある里山において様々な危険性を孕む場所であったことは確かである。もちろん、和太郎さんの懐から出てきたものが代表するような、たくさんの生き物の生活の場所でもあった。本書でお話ししたい第三のテーマは、こうした様々な顔を持つため池の姿と、その変遷についてである。

第二章　里山とはどんなところ？

1　自然と人工の間

おじいさんは柴刈りに

昔々、あるところに、おじいさんとおばあさんがいました。おじいさんは山へしば刈りに、おばあさんは川へ洗濯に行きました——。

誰もが知っている昔話『桃太郎』の語り出しである。このおじいさんは、ゴルフ場のグリーン整備の仕事をしていたのだろうか。おばあさんに見送られ、山にあるモモタローカントリークラブに軽自動車で出勤しました……そんな話は聞いたことがない。おじいさんが刈っていたのは、「芝」ではなく「柴」、つまり山に生えている雑木だった。

電気やガスが普及する以前、日々の炊飯や風呂を沸かすための燃料は、たいてい柴をはじめとする木質燃料だった。現在はスイッチ一つで炊飯器が動き出し、風呂が沸く。しかし、かつては木質燃料がなければ、ご飯が炊けなかったし、風呂にも入れなかった。集落周辺に生育する雑木は、当時の人々にとって普遍的かつ重要なエネルギー源であった。だからおじいさんは山へ入り、一生懸命柴を刈り、家へ運んでいたのである。

私が子供のころ（一九八〇年代）、父方の祖父母の家には、まだ風呂釜の下から火を焚いて沸かす五右衛門風呂があった。とてつもない田舎のように感じるかもしれないが、商店街に近い、街の中にある普通の家だ。遊びに行くと、今はもう亡くなった祖父が、庭先で薪を割っていたことを思い出す。当時、薪割りはすでに珍しい家事だったのかもしれないが、少し遡れば、日本の各地で普通にみられた光景だっただろう。

毎日薪を燃やすとすれば、年間ではかなりの量になる。廃材などの利用もあっただろうが、集落の全世帯が同じように使用するわけだから、里近くの雑木林には断続的に人が入り、柴刈りが行われていたことは想像に難くない。雑木林では、日常的な柴刈りだけでなく、数十年に一度、定期的に伐採して樹木の更新も行っていた。このように、集落（里）の人々が日常的に管理・利用していた雑木林（山）が、里山である。里山は日本のどこにでもあった。極論すれば、日本中里山だらけであった。

かつて普段使いされた木質燃料は、その代表的な形態をもって薪炭《しんたん》と呼ばれる。つまり、木質材料そのものである薪《たきぎ》と、それを蒸し焼きにした炭《すみ》だ。だから、里山のことを薪炭林《しんたんりん》と呼ぶこともある。薪炭は、自家消費するだけでなく、都会や焼物産地のような大消費地へ売っても いた。これは、当時としては貴重な現金収入だった。ちょっと誇張して言えば、里山は油田にも相当するような富を生みだす場所でもあったというわけだ。それだから、近世には山論《さんろん》と言って、村同士の激しい利用権争いの舞台にもなった。里山というと、ともすればおとぎ話に描写されるような牧歌的・ユートピア的な世界を想像してしまう。しかし、がっかりするような言い方をしてしまうと、世俗的なビジネスの現場だったのである。

里山の用途は燃料の採取にとどまらない。高度成長期前まで、日本の多くの集落の主たる産業は農業だった。もちろん、漁業や林業を主に行う集落、宿場町のようにサービス業を生業とする集落もあったが、半農半漁という言葉があるように、こうした集落でも多くは自給的な耕作が行われていた。こうした農業で欠かせない堆肥の原料のひとつは、里山から得られる落葉だった。刈敷《かりしき》と言って、雑木林の下草をそのまま田畑にすき込み肥料にすることも行われていたし、草木灰と言って、山の草木を燃やした灰もカリ分の補給に使われた。稲を干すための「はざ木」も雑木林から得た木材であった。

まだある。伝統的な家屋を調べてみると、家屋周辺の里山に生育していた多様な樹木が、建材として文字通り適材適所に用いられていたという報告もある（井田ほか、二〇一〇）。さらに、里山に生ずる山菜やキノコ、場合によっては蜂の子のような昆虫、水路に生育する淡水魚類は、里の食卓を彩ったほか、薪炭と同様に貴重な現金収入源でもあった。里山は、建築資材も食材も提供してくれる、里の生活の源そのものであった。

話を農業に戻そう。かつて田畑を耕していたのは、人か牛・馬などの家畜であった。現代の耕耘機やトラクターは、遠い海外から運ばれてきた化石燃料によって動くが、牛馬は集落近くの山野に生育する草を食べて働いていた。こうした天然の飼料は、河川やため池の土手、水田の畦畔《けいはん》からも採取できたが、まとまった面積を専用の草刈り場として管理することもあった。こうした採草地も、雑木林と同様に里山と呼ばれる。

現在、採草地はほとんど見かけないから、里山の中でも特殊な土地利用のように感じられるかもしれない。実際、統計によると、現在では草地面積は国土の一％に過ぎない。しかし、かつては特段珍しいものではなかった。二〇世紀初頭、日本に「原野」は五〇〇万ヘクタールあったと言われており、国土のおよそ一三％を占めた（須賀ほか『草地と日本人』、二〇一二）。

少し特殊な例だが、日本を見渡してみると、まだ草原が広大な面積に亘って見られる地域がある。九州の阿蘇・くじゅう地域や、美ヶ原・霧ヶ峰などの長野県中部の高原、富士山山麓地域などがそれだ。長野県中部の高原は、二〇一三年に公開された宮崎駿監督の映画『風立ちぬ』の舞台としても知られるが、実はこれも里山である。そうした場所は、人が定期的に火入れをし、放牧を行い、あるいは採草を行って人が草原状態を維持してきた。あとから述べるように、そもそも日本に自然の草地などごくわずかしか存在しないのである。

里山は新しい言葉

ここまで見てきたように、かつて、日本列島のいたる所に里山があった。里山こそ、日本列島に住む人々が最も身近に接してきた生態系といえる。

人の管理の程度から見ると、里山は中途半端な環境だ。原生林のように自然のなすがままの状態で成立したものでもなければ、スギやヒノキの用材林や花壇のように徹底した人の管理下に置かれているわけでもない。柴刈りや定期的な伐採のように緩い管理がある一方で、特定の樹種を植え付けたり肥料を撒いたりということはしない。自然と人工とを一つの軸に対置したとき、里山はちょうどその中間に位置づけることができる。だから、このような環境を、半自然と呼ぶことがある。

こうした半自然は、昔から里山と呼ばれていたのだろうか。実は、意外にも里山という言葉は新しい。

最初に文字記録として里山が現れるのは、江戸時代中期の一七五九（宝暦九）年である。尾張藩の森林を管理する役人が書いた『木《き》曽《そ》山《やま》雑《ざつ》話《わ》』という書物に、「村里家近き山をさして里山と申し候」とある。ところが、この言葉が一般化するのはずっと後になってからだ。現代につながる文脈で里山という言葉を初めて使ったとされるのは、森林生態学者の四手井綱英さん（一九一一～二〇〇九）だといわれる。一九六〇年代、彼は林学で使われている「農用林」を、誰にでも直感的にわかるように「里山」と呼ぶことを提案したという（森まゆみ『森の人四手井綱英の九十年』、二〇〇一）。

昭和初期に東北地方の営林署で勤務した雪氷学者の高橋喜平さんによると、東北地方では古くから里山という言葉が使われていたようだ（有岡『里山Ⅱ』、二〇〇四）。ただし、意味は現在と少し違う。「里山越えて深山越え」という歌詞の歌が歌われていたそうで、日帰り仕事にできるような里に近い山と、それより奥にある深い山とが区別されていたようである。四手井さんは山形県の林業試験場に勤務していたことがあり、その際に里山という言葉を知ったのではないかとも言われる。しかし、かつて「ヤマ（森林）」といえばたいていは（薪炭林という意味での）里山だったから、身近すぎてそれを特に取り上げて呼ぶための言葉はなかった、という地方も多いかもしれない。いずれにしても、里山という言葉が全国的に広く普及するようになったのは、一九九〇年代以降である。

戦後、高度経済成長期を迎えると、都市域の爆発的な拡大とともに、近郊の里山は次々と住宅地などとして開発されていった。この様子は映画『平成たぬき合戦ぽんぽこ』がよく描写しているし、実際に雑木林や農地がまたたく間に住宅団地に変わっていく様を見ているという方も多いだろう。しかし、高度経済成長期である一九六〇年代や七〇年代の自然保護運動は、日本自然保護協会の設立につながる尾瀬沼の開発阻止運動や、各地の観光道路建設にまつわるものが中心で、どちらかというと、原生的な自然に関心が集まっていた。

ところが、一九九〇年代になると、愛知万博問題やトトロの森トラスト運動などが代表するように、かつて薪炭林として使われていた身近な自然環境の保全が取りざたされるようになる。四手井さんが着目したように、里山という言葉は親しみやすく、字面から何を表しているのかもわかりやすい。そうしたこともあるのだろう、それ以来、都市近郊の自然環境保全運動の高まりとともに里山という言葉はマスコミにも頻繁に登場するようになり、二〇〇〇年代にはすっかり一般的な言葉になった。

二〇一五（平成二七）年の現在、里山という言葉は実にいろいろの場面で登場する。林学や生態学、環境学といった学問分野で大いに使われるだけでなく、普段の生活の中でもしょっちゅう目にするようになった。皮肉にも、里山が日常生活から遠ざかるにつれて、里山という言葉が日常生活の中に浸透していったのだ。

「里山歩き」「里山遊び」のような表現は、肩の凝らない自然散策を表すのにぴったりである。身近なアウトドアの催し物では、引っ張りだこのフレーズだ。地方や都市近郊に行けば、レストランやカフェにとどまらず、温泉やホテルの名前にも「里山」が付いていて驚くことがある。懐かしい、温かい、鄙びた、自然の溢れる、手作りの、癒される、といったイメージと一体となっているのだろう。果ては、『里山しぐれ』という演歌がリリースされたり（二〇一三年）、能登空港の愛称が「のと里山空港」になったりした（二〇一四年）。二〇一四（平成二六）年のベストセラー『里山資本主義』（藻谷浩介・NHK広島取材班）も記憶に新しい。

このように、里山という言葉が商業的に次々と消費されるようになってきた現在、もともとは生態学（エコロジー）を意味する「エコ」などと同じように、本来の意味が見えにくくなっている。里山は、そこに暮らす人たちにとって生活や生業の生々しい現場であったことは忘れてはならない。中には自然が過度に利用されてはげ山になった場所もあり、時には辛い労働の場でもあった。必ずしも「自然の溢れる」「癒しの」理想郷ではない。また、多くの生き物たちが住む貴重な生態系ではあるが、それは人々の営々とした歴史の積み重ねの上に成立した人による管理の賜物である。決して手付かずの大自然ではないことも、重ねて強調しておきたい。

里地と里山

集落の近くにあって、日常生活や農業などに利用された雑木林（薪炭林）や採草地といった半自然を、里山と呼ぶ。ここまでの部分で、このように紹介した。しかし、里山という言葉は、もう少し広い意味で使われることもある。

かつての農村の土地利用を考えてみると、まず生活拠点である集落があり、その集落に住む人々が作物を作る耕作地があった。耕作地、特に水田には豊富な水が必要である。そこで、水田に水を引く水路や、一時的に水を貯留するため池といった灌漑《かんがい》設備も作られた。そうした水を涵養しているのが後背地である薪炭林や採草地で、この植生に多様な役割があったことはすでに述べたとおりだ。さらに、人々の信仰の拠点である神社や寺院が存在し、それらの境内には鎮守の森と呼ばれる深い森が存在した。大きな屋敷ではその中に森が育てられ、屋敷林と呼ばれた。

こうした農村の多様な土地利用は、薪炭林や採草地と一体となって、人の生活圏や生き物の生育・生息地を構成していた。そこで、このような一連のつながりを持つ農村の土地利用全体を指して、里山と呼ぶことがある。集落、田んぼや畑、ため池や鎮守の森もぜんぶひっくるめて里山、というわけだ。

つまり、里山という言葉には大きく二通りの範囲の解釈があることになる。すなわち、薪炭林や採草地を指す狭義の里山と、ここで紹介した広義の里山である。

さて、広義の里山、つまり農村の土地利用全体には別の呼び方がある。里地《さとち》だ。里地という言葉は里山ほど知られているわけではないから、違和感のある人もいるかもしれない。そこで、環境省をはじめとした日本の公的な文書やパンフレットなどでは、広義の里山を取り上げるときは「里地里山」と併記して混乱を防いでいる。しかし、この言葉は完全に定着はしていないし、直観的な言葉ともいえないから、悩ましいところだ。

この本では、薪炭林・採草地を単独で呼ぶときは里山、もっと広く農村の土地利用全体を呼ぶときは国の用例にしたがって里地里山と呼ぶことにしたい。ただし、章や節のタイトルでは、直感的なわかりやすさを優先して、里地里山の意味で里山を使うこともある。

今でも国土の四割は里山

現在、里地里山は日本にどれくらい残っているのだろうか。そして、里山にはどんな種類があるのだろうか。ここでは、いくつかの統計的な調査資料に基づいて紹介しよう。

まず、里地里山の分布を見てみよう。**図2**は、環境省が二〇一二（平成二四）年に示した「里地里山地域」の地図である。詳細は省くが、既存の植生資料に基づいて田畑・雑木林・草地が偏りなく入り混じって存在している場所を「里地里山地域」として抽出したものだ。この地図を読み取ると、国土の実に三九・四％が「里地里山地域」であった。里地里山は日本全体に分布しているように見えるが、よく見ると北海道や紀伊半島、中部山岳地帯は空白域となっ

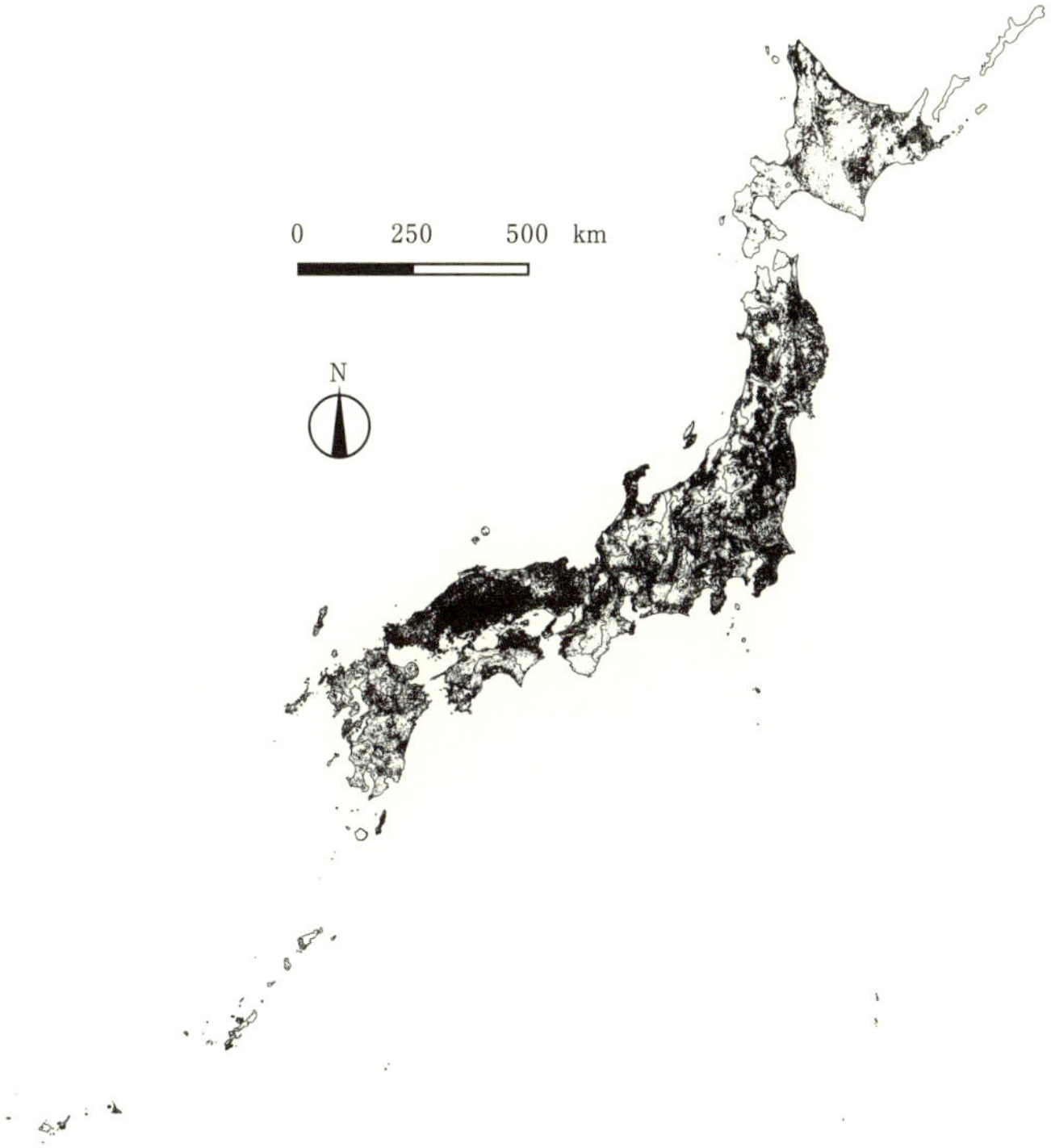

図2　植生図から見た「里地里山地域」の分布。（環境省「生物多様性評価地図（生物多様性カルテ）」のGISデータを利用して筆者作成）

ている。これらの場所には田畑を交えない大規模な森林や標高の高い土地が多いためだ。

この資料には標高別の統計も付随している。「里地里山地域」の平均標高は二八〇メートルで、山というよりも丘の領域である。ただし、長野県や山梨県のように、平均標高が八〇〇メートルを超えるような地域もある。しかし、平均標高がそれ以上の都道府県はない。農林水産省が行った「二〇〇〇年世界農林業センサス」によると、標高八〇〇メートル以上にある日本の農業集落は、全体のわずが一・八%に過ぎない。人がそこに暮らさなければ里地里山は成り立たないということを考えると、しごく妥当な調査結果である。

このように、この調査からは、大規模な森林地域や高標高地、つまり人の気配が希薄な地域を除いて、今なお里地里山が広く分布しているということがわかる。あとから紹介するように、里地里山は高度成長期以降、劇的な変化に晒される。しかし、この調査結果が示すのは、その変化を経てなお、身近な自然として里地里山が広く残されていることである。ただし、この地図からわかるのは統計的に抽出された里地里山に典型的な土地利用の存在範囲であって、そこで昔ながらの人の営みが維持されているのか、また、生き物の生育・生息として良好な状態に保たれているのかといった点は、残念ながらわからない。

続いて、里地里山の中核をなす里山の森林の分布を眺めてみよう。今度は、やはり環境省が二〇〇一（平成一三）年に発表した「日本の里地里山の調査・分析について（中間報告）」を参照する。この報告では、発達の状況から里山とみなせる森林（二次林という）を抽出した結果が示されている。これによると、日本に現存する二次林は約七七〇万ヘクタールで、国土の二一%に相当するという。日本の国土に対する森林の割合はおよそ六六%であるから、その三分の一弱が里山ということだ。

そして、この調査は里山の森林と一口に言っても、様々なタイプがあることも示している。図3に示すのが、その分布図である。

二次林のバリエーション　（左上）コナラ林（2004年8月、愛知県豊田市）。（左下）アカマツ林（2005年9月、静岡県浜松市）。（右上）ミズナラ林（2009年10月、長野県上松町）。（右下）シイ・カシ萌芽林（ウバメガシ林：2012年4月、三重県大紀町）。

最も面積の大きなものが、コナラ林とアカマツ林だ（いずれも一三〇万ヘクタール）。コナラは落葉性の広葉樹である。秋になると、名前のとおり少し小粒のドングリが実るが、残念ながらそのままでは渋い。アカマツは樹皮の赤っぽいことが特徴のマツで、海岸沿いに多いクロマツに対して痩せ山によく生えている。それぞれの分布をみると、コナラ林は関東から東北地方の太平洋側、また、北陸から山陰にかけて多く分布している。一方でアカマツ林は、西日本一帯、特に東海・近畿・瀬戸内地方を中心に分布している。

他には、ミズナラ林（一八〇万ヘクタール）、シイ・カシ萌芽林（八〇万ヘクタール）がある。ミズナラもコナラと同じく落葉性のどんぐりだが、コナラよりやや寒いところ、具体的にいうと東北地方の日本海側や、中部日本の標高の高いところに多い。一方で、シイ・カシはいずれも常緑性のどんぐりで、九州や四国、本州の紀伊半島や房総半島などの先端部に多い傾向がある。さらに、これまで紹介した四つのタイプのどれにも当てはまらないものが五〇ヘクタールある。北海道のシラカンバ林などが該当するようだ。

なぜ、地域によってこのような違いが生まれるのか。理由の一つは、気候による違いである。後にも紹介するように、植物にはそれぞれに適した気候がある。それにしたがって、里山の樹種も変化する。たとえば、ミズナラは他と比べて明らかに冷涼な土地を好む。そのため、西南日本の低地にはミズナラが卓越する里山はない。

ところが、シイ・カシ萌芽林、コナラ林、アカマツ林についてみると、シイ・カシ萌芽林が

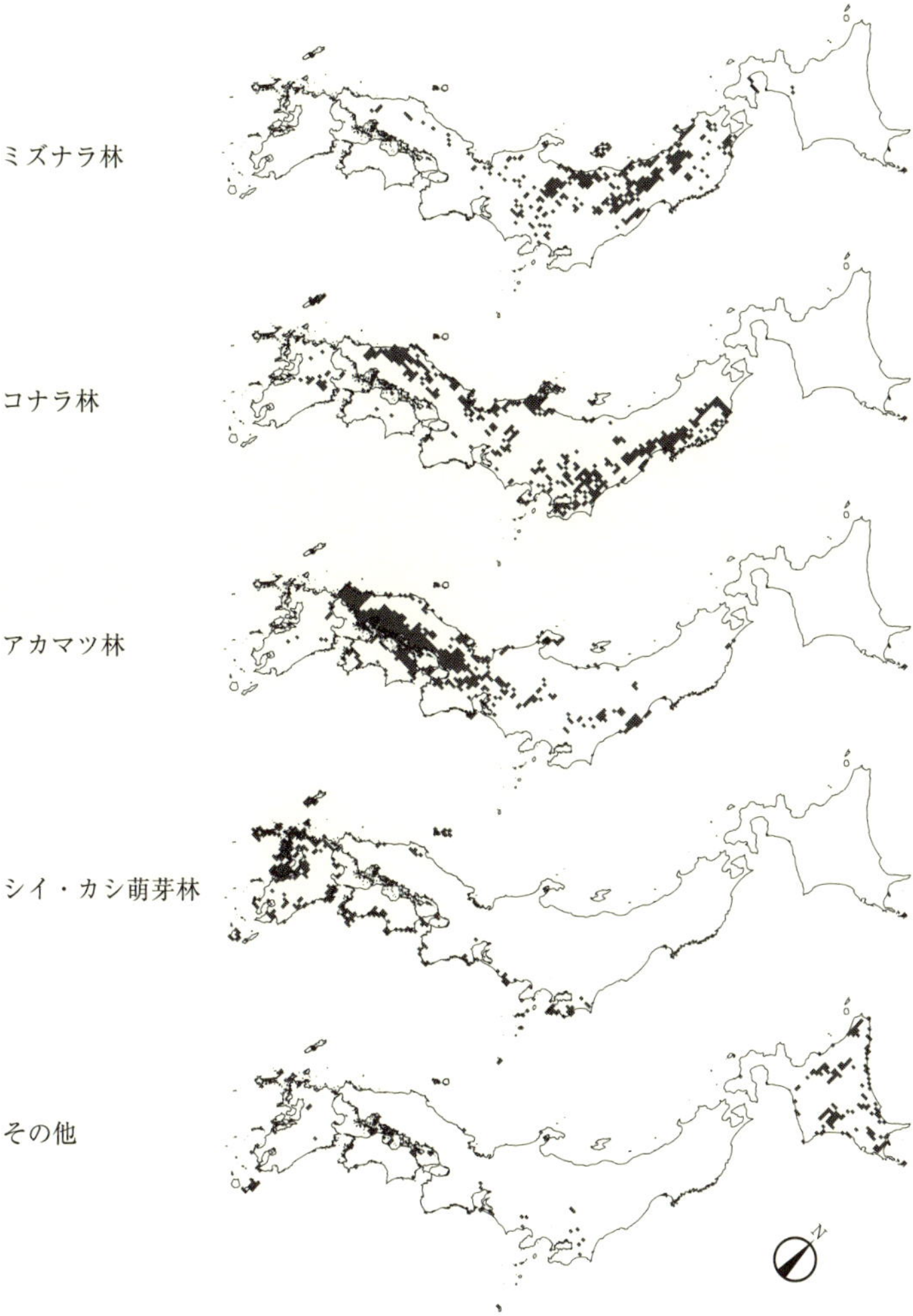

図３　二次林の植生タイプ別分布。（環境省パンフレット「里地里山　古くて新しいいちばん近くにある自然」（2004年発行）に基づいて筆者作成）

比較的温暖な地域に多いとは言えるが、さほど大きな違いはない。それなのに樹種が変化するのは、もう一つの理由があるからだ。それは、人の手の入り具合の違いである。歴史的な利用の強度といってもいいだろう。この中で、最も原生的な自然に近いのがシイ・カシ萌芽林である。これが卓越する地域は、歴史的に人口が希薄で森林は酷使されなかった。一方で、アカマツ林が卓越する東海・近畿・瀬戸内は、古い時代から人口や産業が集積する地域にあたり、激しい森林資源の収奪があった。人の森林利用の程度は、里山の種類をも変えてしまうのである。このことは、次の節で詳しく見てゆくことにしよう。

里山に生き物たちが多いわけ

現在、里地里山が注目を浴びている大きな理由の一つが、希少種を含むたくさんの生き物たちが暮らしていることである。里地里山は、これまで紹介したように、人の手の大いに入った自然（半自然）である。なんとなく、原生的な自然と比べて質的に劣るような印象を感じる方もいるかもしれない。そんな場所に、たくさんの生き物たちが暮らすのはなぜだろうか。

生態学には、「中規模攪乱説《ちゅうきぼかくらんせつ》」と呼ばれる仮説がある。攪乱とは、洪水や火山噴火、人の侵入などで、もともとあった生態系が大きくかき乱されることを言う。当然ながら、大水で根こそぎ森林が流されたり、火砕流などで焼け果ててしまうといった大規模な攪乱が頻発すれば、そこで暮らす生き物の種類は限定され、多様性は大きく減少する。では、まったく攪乱のない状態で生き物の多様性が増えるのかというと、意外なことにそうではない。攪乱がないと、その環境に適した特定の種が大多数を占め（これを優占《ゆうせん》という）、競争に弱い種は生き残れない。つまり、ある程度の（中規模の）攪乱があった状態において、生き物の種類が最大化するのである。

ここで、里山を考えてみよう。里山では、柴刈りや伐採、採草といった定期的な攪乱がある。しかし、それは基本的に森林や草原を根こそぎ破壊する活動ではない。これが適度な攪乱となり、多様な生き物の生育の場としての機能を高めている。里地を考えてみても、定期的に耕耘し水を出し入れする水田、同様に定期的に水位を変えるため池や水路などは、中規模の攪乱がある場所だといえる。

もう少し詳しく説明しよう。まったく人の手の入らない状態であっても、自然の攪乱は常に起こっている。大雨による山崩れや河川の氾濫などだ。これだけ土木技術の発達している現在でも、毎年災害が起こっていることを考えれば、何も対策をしていない自然状態では、攪乱がより高頻度に起こるだろうことは言うまでもない。自然界はよくできたもので、こうした攪乱によって植生が破壊された場所には、傷口を癒すように、真っ先に進出してくる生き物たちがある。植物ならば、先駆種《せんくしゅ》とかパイオニア植物といわれる種群だ。これらは一時期、攪乱された場所に我がもの顔に繁茂するが、時間が経過してもとの生態系が回復すれば姿を消してしまう。周囲からまったく消えてしまうのではなく、種子などを飛ばして、近い場所にある新天地、つまり新たに攪乱された場所へ移動して命脈を保つのだ。定期的な攪乱のある里地里山は、このような生き物たちにとって恒常的に生育の場が確保できる一方、根こそぎの攪乱ではないから、安定した環境を好む種群もある程度は存続できる。里地里山の管理は、意図せず生き物の種の多様性を最大化させていたというわけだ。

多くの水田は、氾濫原《はんらんげん》と呼ばれる河川に沿った平坦地に作られている。ここは、名前の通り河川が定期的に氾濫を起こす場所であり、その際に上流から運ばれてきた土砂が平たく堆積してできた土地だ。言ってみれば、定期的に水浸しになることが、氾濫原の自然の状態だといえる。水浸しになった氾濫原には、河川を通じて、ナマズやフナなどたくさんの淡水魚がやってくる。魚たちは、プランクトンや藻類を食べ、そこに生育する水草の間をすみかとする。一方で、飛来するサギなどの水鳥たちは、魚たちを食べる。こうした氾濫原に本来あった生態系がそっくり引き継がれたのが、定期的に水を出し入れする水田である。かつての水田は、水路で河川とつながっていて、自然の氾濫原だったときのように、魚たちは自由に行き来できたし、水草もたくさんの種類があった。

里地里山が、生き物に満ちているのは、また別の理由もある。それは、たくさんの異なる環境がコンパクトにまとまっている点である。生き物には、それぞれ好みの環境がある。鬱蒼とした森林を好むもの、開けた草原を好むもの。水辺を好むもの、乾燥した場所を好むもの。それぞれでまとまって、独自の生態系を形作っている。里地里山には、森林・草原・水田・ため池・水路など多様な環境があり、それらが複雑なモザイクを形成している。一面の森林や広大な湖では、生態系の種類は限られてしまうが、里地里山では総体としてたくさんの種類の生態系があるということだ。これが、生き物の多様性を高めている。

とりわけ、異なる環境が隣り合って存在していることが重要だ。たとえば、ニホンアマガエルは夏の間、水で満たされた水田やその周辺で過ごす。冬が近づくと、隣接する森林に移動して、落ち葉の下で冬眠する。このように、複数の環境があるから暮らせる生物も多い。

里地里山を大きな一つの生態系とみなしたとき、その食物網（生き物どうしの食べる・食べられるという関係から見た複雑なつながり）の頂点に君臨する生物の一つが、オオタカという猛禽類である。里地里山を開発するとき、事前に生物の調査を行うことがあるが、そのときに発見されて騒がれ、マスコミに登場することも多いので名前を聞いたことがある方も多いだろう。オオタカ発見が騒がれるのは、まずその生物が全国的に数を減らしている希少な生物であるからだ。里山を開発すれば、またオオタカが数を減らすことになる。

もう一つ、オオタカが生育していることは、里地里山全体にとっても重要な意味がある。オオタカは、主に雑木林に営巣するが、餌はすべて雑木林で捕るわけではない。オオタカの縄張りの中には、水田や畑、ため池など様々な環境が含まれていて、様々な場所で小鳥類やネズミなどの小動物を狩る。小鳥類や小動物が餌を得る場所がさらに多様であることも考えれば、里地里山の中に多様な環境があり、それぞれに適したたくさんの生き物が住んでいるという状態が、オオタカの暮らしを支えているということだ。逆に言えば、オオタカがいるということは、それが縄張りとする一定範囲に、それだけ多様な環境があり、豊かな生物相が育まれている証拠でもあるわけだ。このような種のことを、生態学でアンブレラ種と言ったりする。

真偽のほどは定かではないが、とある里山の開発予定地でオオタカが発見されたとき、なんとか開発を継続させようと、騒音を立てたり煙で燻したりして、オオタカを追いだそうとする人がいたという。これなどは、主客転倒も甚だしい。エリア全体として里地里山の環境が残されていることを、オオタカの発見は物語っているのである。追い出したところで、その環境の価値が減じるわけではない。

里山に集中する絶滅危惧種

日本には、里地里山の情景を歌った童謡がたくさんある。ぱっと思い浮かぶものを、季節ごとに挙げてみよう。春ならば「春の小川」「早春賦」。夏ならは「夏は来ぬ」「ほたるこい」。秋ならば「どんぐりころころ」「虫の声」……このように枚挙にいとまがない。これらの歌詞にはたくさんの生き物が登場する。試しに「春の小川」から抜き出してみると、スミレ・レンゲ（レンゲソウ）・エビ・メダカ・フナとすべて水田や水路で見られる生き物たちだ。エビなんて水路にいただろうかと思うかもしれないが、用水路などに生息するスジエビのことだろう。「虫の声」に至っては、マツムシ・スズムシなど秋を代表する人里の虫と、その鳴き声をひた

スジエビ。里地里山の用水路などに住む。2006年11月、愛知県豊田市。

すら列挙する歌である。こうした童謡の中に現れる里地里山の生き物をすべて抜き出すならば、相当な種数に上るだろう。それだけ、里地里山に暮らす生き物たちが、私たちの暮らしのそばにあったということである。

こうした童謡にも登場する身近な生き物たちが、絶滅のおそれのある生物種のリスト「レッドリスト」に多数掲載されていることはご存じだろうか。たとえば「春の小川」のメダカは、環境省のレッドリストで絶滅危惧Ⅱ類に掲載されている（二〇一二年発表の「第四次レッドリスト」）。初めてレッドリストに掲載された一九九九年には、マスコミに取り上げられ大いに話題となった。

スジエビは環境省のレッドリストに掲載はないものの、各都道府県が独自に発表しているリストをみると、千葉県や群馬県で「準絶滅危惧」以上である。「ほたるこい」のホタルも例外ではない。清流に暮らすゲンジボタルは八都県、田んぼに暮らすヘイケボタルも一一都県で「準絶滅危惧」以上のランクとなっている（いずれも、「日本のレッドデータ検索システム」

に基づく二〇一五年二月現在の状況による)。

　里山に絶滅危惧種が集中していることを如実に示すデータがある。先に紹介した環境省の「日本の里地里山の調査・分析について(中間報告)」によると、環境省レッドリストに掲載された動物が五種以上生息する地域の四九%が里地里山(先に挙げた「里地里山地域」とは定義が多少異なる)であり、同様に植物の絶滅危惧種が五種以上生育する地域の五五%が里地里山であるという。先に挙げたメダカに至っては、その六九%が里地里山に生育している。このデータが示すところを要約すれば、里地里山を保全しなければ、日本で絶滅に瀕している動植物の多くが、行き場を失ってしまうということである。

　では、里地里山には、もともと数の少ない珍しい種が多く集まっているということだろうか。そうではない。先に述べたように、里地里山はもともと多種多様な生き物を育む環境が成立していた。地域固有で初めから希少な種もあっただろうが、大半は童謡に歌われるようなごくありふれた生物だった。そのありふれた生き物たちが一挙に生活の場を失うような、急速な変化が起きたわけである。国土の実に四割を占める環境だけに、その影響は計り知れない。

　一体何が里山に起ったのか。それは、里山の歴史を振り返ったあとで、それを踏まえながら紹介しよう。

2　歴史が里山を創った

里山の基盤

平野や山岳域にも里地里山は存在する。しかし、先に紹介した環境省の統計資料が示すように、日本の代表的な里地里山の立地は丘陵地だ。それでは、この丘陵地という場所は、どのような特徴を持っているのだろうか。里地里山の歴史を振り返る前に、その成立基盤である丘陵地の地形・地質的な特徴を見ておこう。

関東平野・濃尾平野・大阪平野のように、日本には、狭いながら海に面した平野が所々に存在する。それらの平野の中心に立って周りを見渡してみると、その果てにゆるやかな丘の連なりを確認することができる。こうしたところが日本の代表的な丘陵地である。

日本列島はプレートの境界に位置することから、地盤の隆起と沈降が激しい。平野は長期にわたって地盤が沈み込んでいる部分であり、一方で山地や丘陵は地盤が持ち上がっている部分だ。山地は古い時代に形成された固い岩石でできていることが多く、一方で、丘陵はやや新しい時代に堆積したあまり固まっていない地質（砂礫など）でできていることが多い。

日本は四方を海に囲まれ、雨が多く降る地域でもある。持ち上がった山地や丘陵は、幾度もの降雨によって削られ、発生した土砂は河川を伝って沈降している部分へと流れてゆく。日本のほとんどの平野は、こうした山や丘から削られた土砂が、浅い海を埋め立ててできている。冒頭に挙げた関東平野などはその典型で、この地形は沖積平野《ちゅうせきへいや》と呼ばれる。

丘陵についてまとめよう。丘陵の多くは平野の縁辺に位置する。比較的新しい時代(具体的にいうと鮮新世とか更新世と呼ばれる時代)に堆積した軟らかい地層から成ることが多く、隆起しては盛んに削られるという過程を経て複雑な表情をみせている場所、ということになる。そこが、これから紹介する里山の歴史の舞台だ。

第一章で谷戸(あるいは谷津)という地形に触れた。これは、隆起した丘陵が浸食によって削られてできた小さな谷のことであった。谷戸を取り囲む丘陵斜面(谷壁《こくへき》)は、急峻なために耕地には向かない。そこで、薪炭林として利用された。一方で、谷の底(谷底《こくてい》)は、谷壁から削られた土砂が堆積して平坦である。また、お盆のように周囲から水の集まってくる場所でもあるから、水田として利用された。谷戸の最奥部(谷頭《こくとう》)は、湧水がよくみられるため、堤防を築いてため池とすることがよくあった。

いくつかの谷戸が合流した下流のような、少し広い谷をみてみよう。谷壁に接する部分をみると、河川沿いの低地より一段高くなっていることがある。こうした部分は河成段丘あるいは単に台地と言う。平坦ではあるが、小高いのと粗い土砂が堆積しているので、水を貯めるのには向かない。そこで、水田ではなく畑地として利用されることが多かった。洪水を避けてそこに集落が立地することもあった。関東平野では、こうした台地と低地の比高がかなり大きいところもあって、空中写真をみると土地利用の差異をかなりはっきりと読み取ることができる。

一方で緩い傾斜の谷壁は、うまく開墾して棚田として利用することもあった。こうした棚田の土手や、先述したため池の堰堤などの狭い斜面もうまく使う。根を張らせることで崩壊を防ぐという目的もあって、こんな場所は草地を成立させることが多かった。この草地は無駄なく刈り取られ、肥料や牛馬の餌になったのである。

このように、伝統的な里地里山の土地は、地形ごとの条件や特徴をよく理解して利用されていた。こうした土地利用の形は、里地里山が成立する過程で発達を繰り返し、最終的には近世の新田開発を経て現在の形にたどり着く。

原始の植生

狩猟採集を主な生業としていた縄文時代の日本列島の自然は、どんなものであったのだろうか。もちろん当時でも、樹木を伐採して丸木舟を作るといった森林への関与はあったし、青森県にある三内丸山遺跡のように、クリの栽培や穀物生産のための焼畑が示唆されている集落もあった。縄文晩期には稲作も始まる。しかし、日本列島全体として見た場合、自然環境への人の影響は、後世と比較して部分的で軽微だった。

人による影響を受けずに成立した植生を自然植生という。自然植生のタイプは、大雑把に言って、気温と降水量で決まる。たいていどこも十分な降水量がある日本列島では、自然植生

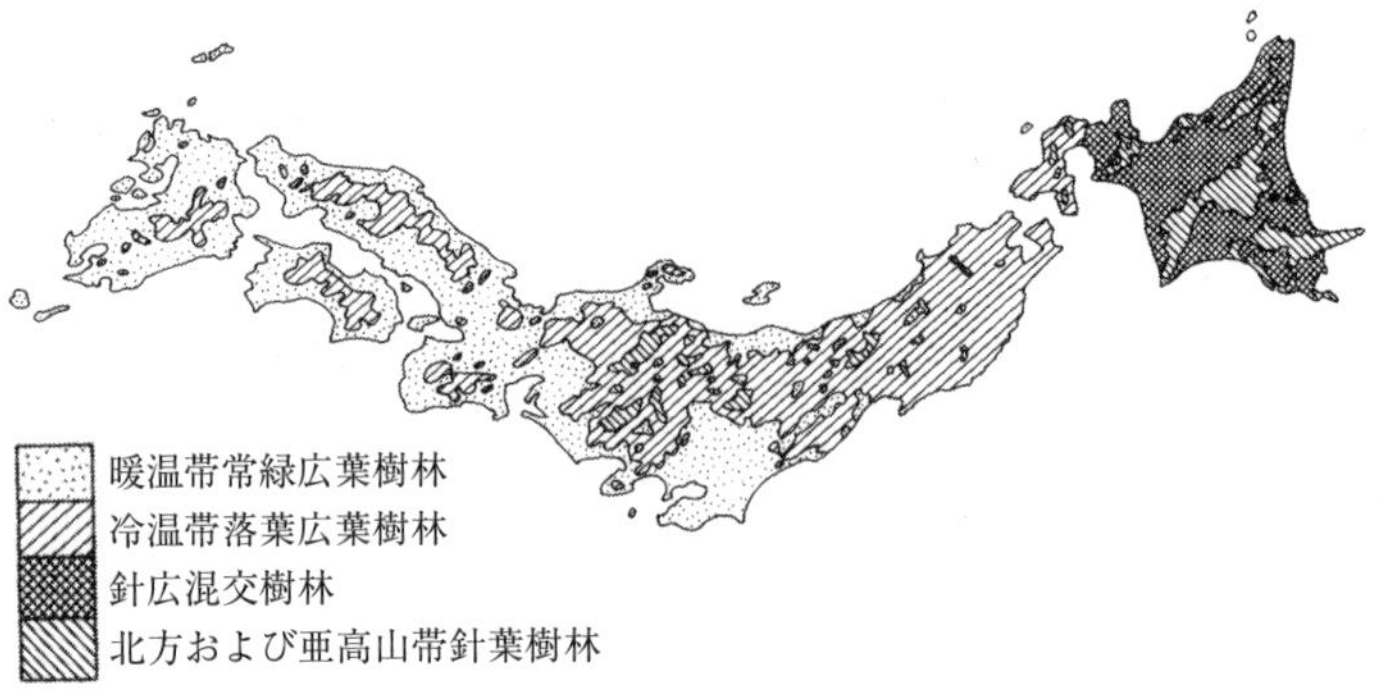

図４　気候からみた日本列島の自然植生。（林（1990）を一部編集）

の決定要因は実質的に気温だけである。日本列島は南北に長いから、それにしたがって植生も変わってゆく。仮に、時空を旅する飛行機（時航機と呼んでおこう）があって、縄文時代の森の様子を空から視察したなら、その様子をはっきりと見ることができるはずだ。

厳密にいうと、縄文時代は長く、その間に気候の変動がみられる。したがって、植生の分布もどの時代を見るかによって微妙に変化するのだが、ここではこうした仔細な点は無視し、日本にももともとあった植生を大づかみにすることにしたい（図４）。

沖縄・九州・四国のほぼ全域と、本州の太平洋側を宮城県あたりまで、日本海側を新潟県あたりまで覆うのが、照葉樹林と呼ばれる、分厚く、てかてか光る葉を持った常緑広葉樹林である。この地域は緯度も低く、暖流の影響もあって冬の寒さはさほど厳しくない。したがって、冬を休眠せずに過ごす常緑広葉樹が多くを占める。具体的には、シイ・カシ・タブなどがその代表選手だ。

本州の中部内陸から東北地方を経て北海道南部地域までを卓越して覆うのが、夏緑樹林と呼ばれる、薄い葉を持つ落葉広葉樹林である。この地域は、高地であったり、緯度が高いせいで、冬の寒さが厳しい。そこで、葉を落として冬に休眠する落葉広葉樹林が優占する。ブナやミズナラがその代表選手だ。

北海道の北端や東端、中央の大雪山系周辺は、緯度や標高の高いことや、寒流の影響で、日本の中では最も冷涼なエリアである。ここでは、そうした気候様式に適応した常緑針葉樹が卓越して見られる。これまで挙げた以外の北海道の大部分は、常緑針葉樹と落葉広葉樹が混じって生育する針広混交林というタイプの森林が成立する。常緑針葉樹のエリアと、落葉広葉樹のエリアの接点が、帯状になっていると考えればいい。

このように、日本にもともと存在した植生は、南から順に、照葉樹林・夏緑樹林・針広混交林・常緑針葉樹林であった。お気づきのように、森林だけである。日本はどこに行っても、森林が発達するだけの十分な気温と降水量があるから、厳しい環境にみられる草原は、自然植生としてほとんど存在しない。わずかに、水分の多すぎる湿地環境や、強風が吹き雪解けが遅いツンドラのような高山帯に、断片的にみられるだけだ。

そんな、原始の植生が変化してゆくのはいつごろだろうか。

京都盆地に見る里山の始まり

私たちの乗りこんだ時航機は、西暦八〇〇年頃の近畿地方へやってきた。操縦桿を操って、京都盆地にある当時の都、平安京の上空を目指そう。見えてきたのは、人口十数万人を抱える当時としては巨大な都市だ。碁盤の目状に区切られた土地に、神社や仏閣、貴族の屋敷の大きな屋根が整然と並ぶ景観が見えるだろうか。

都を取り囲む山々の植生に着目してみよう。縄文時代のこのあたりを思い出してみると、鬱蒼とした照葉樹林に覆われていたはずだ。しかし、時航機の窓から見える風景は、少しばかり様子が異なる。縄文時代に目立たなかったマツがよく見える。何が起こったのだろうか。

都の北へ少し移動してみると、盆地が尽きるあたりに沼が見えてくる。今でも水を湛える深《み》泥池《どろがいけ》という沼だ。その沼の底には、何千年も前から周囲の樹木から飛んできた花粉が堆積している。花粉は樹木の種類によって形が異なるから、これを分析すると、大雑把にではあるが、時代ごとの周囲の植生がわかる。

深泥池の花粉分析の結果によると、京都盆地では七世紀頃までは、カシなどが優占する常緑広葉樹林に近い森林であったようである。しかし、七世紀以降、カシが減少してマツが増加する傾向があった(佐々木ほか、二〇一二)。これは、何を意味するのか。平安京に供給する薪炭を採取するため、あるいは瓦を焼くための燃料として、照葉樹からなる自然林が次々と伐採され、周囲がマツなどを中心とする薪炭林に移り変わったということである。

もともとあった植生が、何らかの理由で完全に破壊されたときの変化は、生態学の知見に基づくと次のように説明できる(図5)。

まず、発生した裸地には、それまで暗く芽生えることのできなかった一・二年生草本が出現

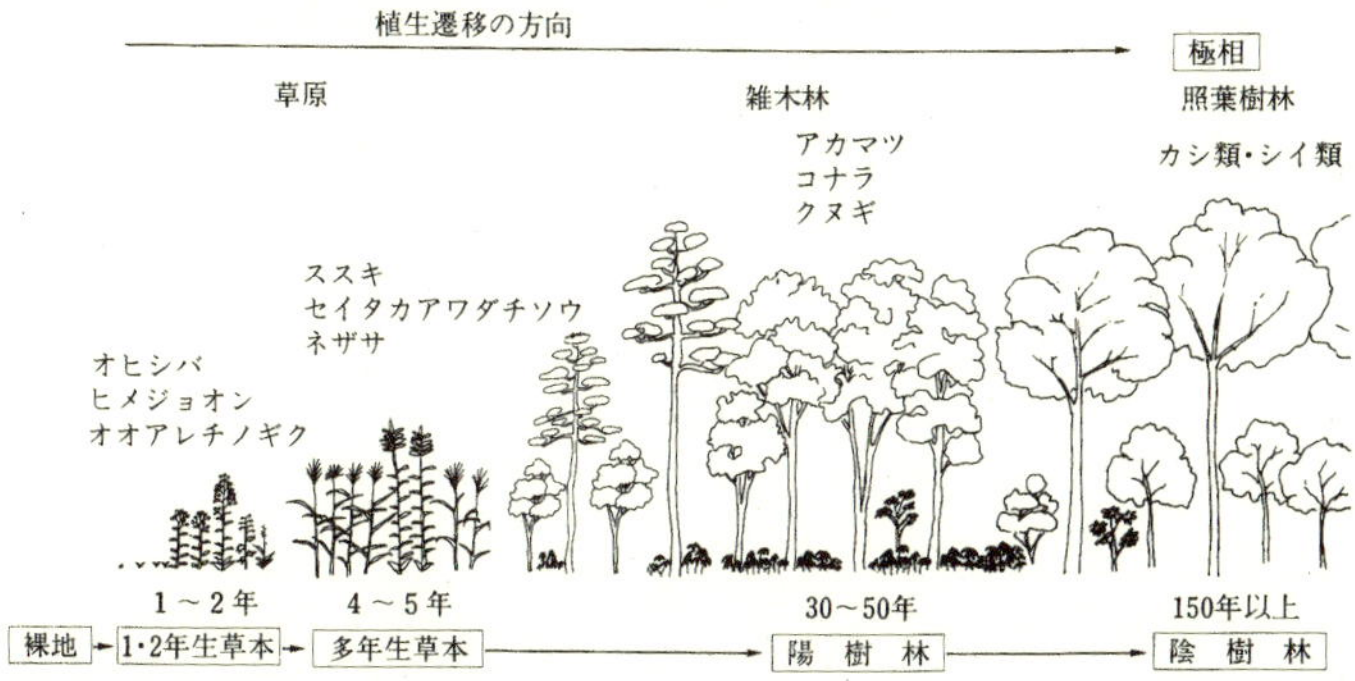

図５　関東および西日本の低地における植生遷移。（出典：石井実・植田邦彦・重松敏則『里山の自然をまもる』築地書館）

する。家の庭や、学校のグランドなどで草むしりをすることがあるだろう。ねこじゃらし（エノコログサ）のように、何度むしっても生えてくる生命力豊かな草たちの多くは、この一・二年生草本だ。もちろん自然に湧いてくるのではなく、近隣から種子が風に乗って飛んで来たり、鳥が運んでくるということである。

　こうした草をむしらないで数年放置すると、何年も生きる多年生草本が進出してくる。ススキやササなど、概して大型の草本だ。こうなると、一・二年生草本は光を奪われて生育できず、天下を多年生草本に譲り渡す。さらに、それらを刈らずに放置すると、徐々に土壌も発達してきて、例えば西日本ではアカマツのような樹木が進出してくる。土壌がすっかり豊かになると、アカマツは、落葉広葉樹であるコナラやクヌギに入れ替わる。

　さて、アカマツ・コナラ・クヌギなどは明るい環境で成長をするため陽樹《ようじゅ》と呼び、これらで構成された森林を陽樹林という。陽樹林が発達すると、林床《りんしょう》（森林の中の地面）は暗くなるため、陽樹の次の世代は育ちにくくなる。そこで、代わりに育つのが、シイ・カシなどの暗い環境でも生育するタイプの陰樹《いんじゅ》である。陰樹林の林床は陽樹林よりも暗いが、それでも陰樹の子孫は育つことができる。したがって、植生の変化が陰樹林まで到達すると、世代交代はするものの、樹木の種類はこれ以上変わらなくなる。こうした状態を極相《きょくそう》と呼ぶ。したがって、自然林はたいてい極相である。様々な条件によっても異なるが、一・二年生草本が生育し始めてから極相に到達するまで、数百年はかかる。

このように、植生は何らかの破壊的なインパクトを受けると、何百年もかけて次々に姿を変え、元の姿に戻ろうとする。こうした時間に伴った植生の変化を植生遷移《せんい》という。植生遷移は、人による伐採や、火山爆発や河川氾濫のような自然の攪乱によって引き起こされる（厳密にいえば、木の地上部を切り取っただけの攪乱と、土壌から根こそぎ失わせてしまう攪乱では、回復にかかる時間やプロセスが異なる）。つまり、すでに紹介したように、攪乱や植生遷移は、人の影響とは無関係に、太古の昔から各地で起こっていた自然現象だといえる。

しかし、自然植生の攪乱は、人の活動が活発になるにつれて格段に多くなった。すると、遷移の途中段階である多年草の草原や陽樹林が目立ってあちこちにみられるようになる。時航機から眺めた平安時代の京都盆地周辺は、ちょうどそのような場所だったと考えられる。ここで見た都市建設だけでなく、後に述べるような製鉄や窯業のような地場産業、かつて広く行われていた焼畑のような原始的農業も、同様に自然植生の攪乱を引き起こす原因となった。

草原や陽樹林も数百年放置すれば極相、すなわち自然林に復する。しかし、必要なだけの材木や薪炭を絶え間なく得るためには、あるいは、焼畑を持続させるためには、極相に至る前に再び伐採をすることになる。一般的に、里山の伐採間隔は十年から数十年に一度と言われており、この時間では遷移はほとんど進まない。結果的に遷移が次の段階に移行することを押しとどめ、途中段階の草原や、アカマツ・コナラなどの陽樹林を維持することになった。これが里山の始まりである。

里山以前の尾張地方

ここからは、愛知県の尾張地方、特に知多半島周辺を事例にして、少し詳しく里山の成立とその変化を追ってみることにしよう。尾張地方は、首都圏、近畿圏に次ぐ三大都市圏のひとつ、中京圏の中央に位置する。中心都市である名古屋市は広大な濃尾平野に位置するが、その東の縁には三河との境界をなす尾張丘陵が連なり、その南の延長上に伊勢湾に突き出た知多半島がある。

知多半島の南端にある南知多町は、みかん狩りや海水浴などが楽しめる名古屋近郊の行楽地として親しまれている。その玄関口となる名古屋鉄道の駅が、内海《うつみ》駅だ。一九七〇年代の後半、この駅の基礎工事中に、地下から貝塚が見つかる。この貝塚は「先刈《まずかり》貝塚」と名付けられ、様々な考古学的・自然地理学的な調査が行われた。この貝塚はおよそ八三〇〇年前の縄文早期のもので、知多半島の中でも特に古い人の生活の痕跡である。

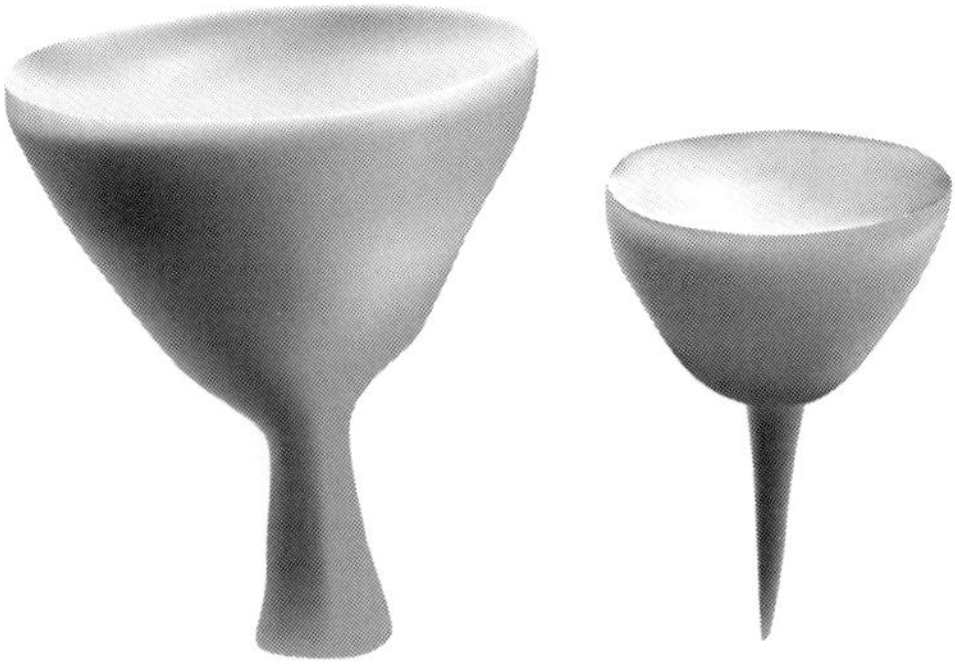

図6　知多半島から出土した製塩土器。（出土品写真に基づいて筆者作図）

この遺跡からは、ハイガイなどの貝殻や、スズキやクロダイなど魚の骨に交じって、イノシシやシカの獣骨も見つかっている。埋土物からこの時代の自然環境を完全に復原するのは困難であるが、気候の特色から推測すると、照葉樹の鬱蒼と茂る海に近い森だったと考えられる。その中で、知多半島の縄文人たちは漁労や狩猟を行っていた。人の気配はこのころすでにあったが、里山の成立はもう少し待たなければならない。

弥生時代になると、尾張地方でも稲作が本格的に行われるようになる。稲作の開始によって土地の開発が始まるが、里山の成立という点でいえば、交易品としての製塩が大きく関係してくる。知多半島をはじめとした愛知県の沿岸域では、古墳時代に当たる四世紀頃から製塩が始まり、五世紀後半に盛んになる。そして、平安時代にあたる一一世紀半ばまで継続して行われていた（加藤『遺跡からのメッセージ』、二〇〇〇）。当時の製塩は、お椀の底に鋭い棒のような脚がついた土器（図6）を使って行われていた。お椀の部分に海水を入れ、脚を砂に刺し、火を焚いて煮詰める。奈良時代には、こうして作られた塩が都まで運ばれていたことが、木簡の記載から明らかになっている。海水を煮詰めるために火を焚いたということは、それだけ周辺の森林から、薪として多くの樹木が伐採されたと考えられる。しかし、これはその後勃興する窯業に比較すれば、攪乱の程度としては軽微なものだったと推測されている（中野、一九九〇）。

焼き物と里山の意外な関係

尾張地方の丘陵の大部分は、東海層群と呼ばれる鮮新世に堆積した柔らかい地層から成る。そこから産するのが、良質な粘土だ。この粘土と、当時まだ豊富に存在した森林資源を背景として、中世を中心に大々的に焼き物産業（窯業）が興った。現在でも、瀬戸焼や常滑焼をはじめとして、愛知県尾張地方と隣接する多治見・土岐などの岐阜県東濃地方は窯業の一大集積地となっているが、それらはすべてここに由来している。この窯業の勃興は、尾張地方の歴史・経済・文化・地域性を語る上で欠かすことのできない重大事件であった。そして、この地方の里山の歴史を振り返る上でも、特に重要な意味を持っている。

この窯業の起源は、古墳時代の五世紀後半に現在の名古屋市東部で始まった須恵器の生産に求められる。それが、時代を追うごとに生産範囲は広がり、一〇世紀の頃には知多半島から三河に至る広い範囲で焼き物が焼かれるようになった。ちなみに、名古屋市東部は現在、住宅密集地となっている。丘という丘が開発され住宅団地に変容しているが、こんな場所で尾張地方の窯業が始まったのかと思うと不思議な気がする。

さて、当時の人々はどうやって焼き物を焼いたのだろうか。もちろん、現在主流のガス窯な

登り窯の遺構。過去の里山へのタイムトンネルのようだ。2014年8月、愛知県陶磁美術館（瀬戸市）。

どはない。陶器を焼く窯は、すべて丘陵の斜面に築造された登り窯と呼ばれる窯であった。登り窯の形態は、時代を追うごとに、窖窯《あながま》、大窯、本業窯というように進化するが、基本的な造りは変わらない。すなわち、丘陵の斜面をトンネル状にくり抜き、あるいは斜面を利用して細長い土造りの構造物を造り、その最も下の部分から（後には側面からも）火を焚く。そうすると、熱せられたガスが上方へ移動し、焼き物が焼けるという仕組みである。当然、焚き物は周囲の森林から伐採した薪であった。ここから、尾張地方で未曽有の森林伐採が始まる。

では、窯を一回焼くのにどれくらいの燃料が必要だったのだろうか。平安時代の窯をモデルとした再現実験に基づくと、一回の焼成に使用した薪はおよそ八〇〇束であったという（日進町『日進町誌　本文編』、一九八三）。三〇年生のマツから得られる薪が一〇束と仮定すると、約八〇本が必要な計算である。途方もない

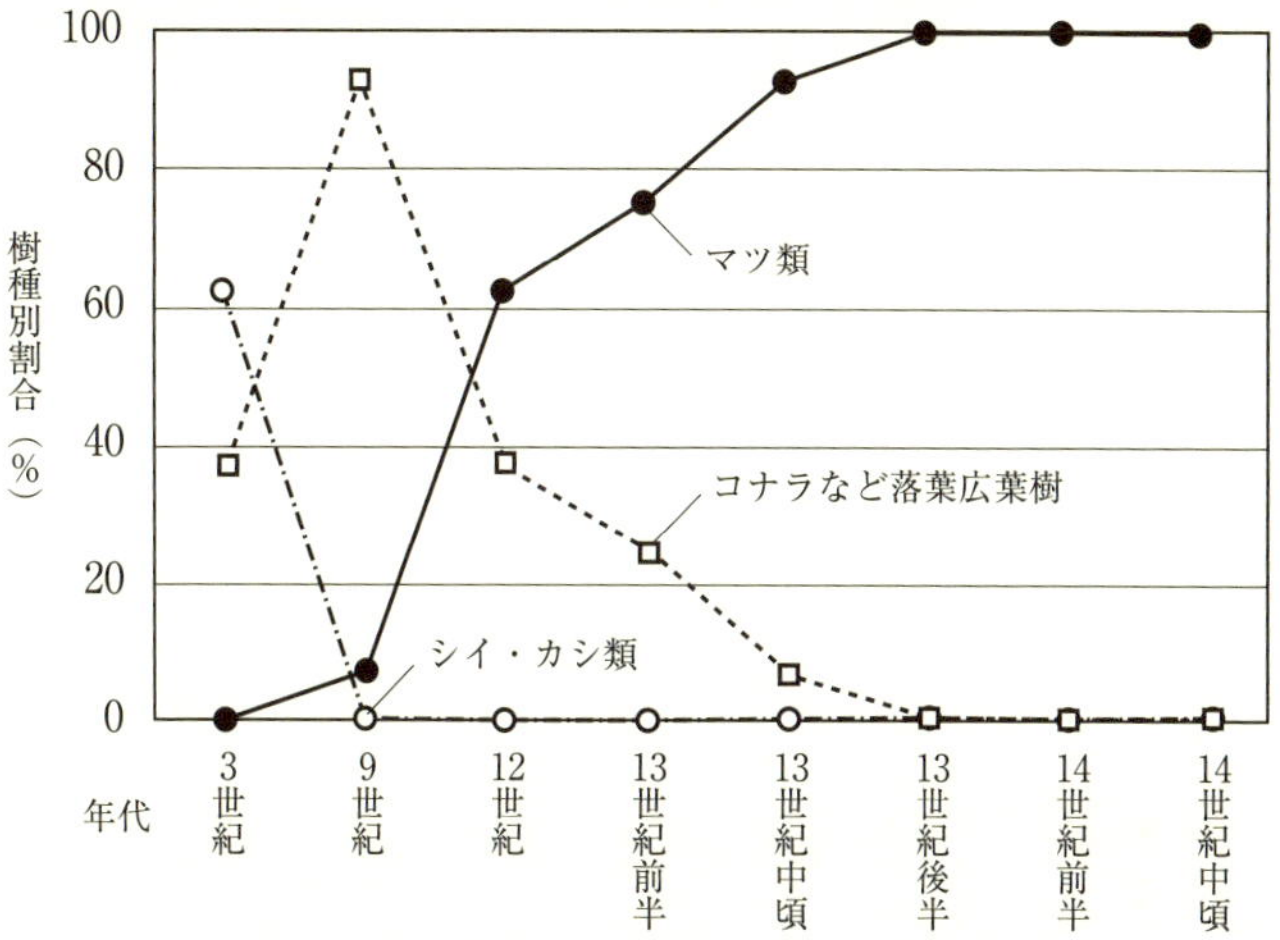

図７　炭化材から推測された尾張丘陵の樹種変化。（愛知県農林水産部森林保全課（2005）を筆者が一部改編）

量だ。

知多半島に限っても、中世前期の三〇〇年間に、推測ではあるが二〇〇〇から三〇〇〇という数の窯が丘陵地に築かれたといわれる（中野、一九九〇）。膨大な数の登り窯は、数百年にわたって尾張丘陵の森林を消費していった。ここにおいて、先に紹介した京都盆地と同じ森林変化が尾張地方の丘陵地でも起こることになる。つまり、シイ・カシなど照葉樹が優占していた丘陵地は、アカマツを中心とする痩せた森林に変化していった。

さて、木は焼かれて炭になっても組織が残り、その組織の特徴を調べることで樹種をある程度絞り込むことができる。いろいろな年代の窯から出土した炭化材を調べてみると、尾張地方の森林の変化をはっきりと読み取ることができる（図７）。窯業がまだ広まっていない三世紀には、シイ・カシ類が最も多く焼かれており、まだ広く照葉樹に覆われていたことが推測される。ところが、九世紀になるとシイ・カシ類はほぼ見られなくなり、代わりにコナラなどの落葉広葉樹が多数を占めるようになる。しかし、その状況も長く続かない。一二世紀にはさらに遷移の初期段階に位置するマツ類が構成比の中で最も多くなり、一三世紀後半にはほぼマツ類だけになってしまう。つまり、鎌倉時代の頃には、尾張地方の森林はほとんどがマツ類に置き換わってしまったといえる。

尾張地方の自然環境を大きく変容させた窯業も、室町・戦国時代にあたる一四世紀の後半を迎えると急速に縮小・衰退してゆく。江戸時代には、瀬戸地域や常滑地域などの一部にほぼ収斂するようになり、それ以外の地域からは姿を消す。

この急速な衰退は、いまだ謎に包まれている。かつては織田信長による禁窯令の影響と言われたが、現在では否定されている。一説には、森林が完全に消費し尽くされ、疲弊してしまったためと言われるが、定かではない。ただ、現在明らかにしようとしている里山の歴史においては、この衰退はまた一つの転機となる。窯業によって切り開かれ、疲弊した尾張丘陵の森林は、農業や生活の中で持続的に利用される、現在につながる農用林へ移っていくのである。しかし、森林の酷使は必ずしもここで終わったわけではなかった。

新田開発とため池

江戸時代は、長期にわたって戦乱が起こらなかった穏やかな時代である。平和な世の中になれば、人口が増える。人が増えれば、それだけ食べ物も必要になる。尾張徳川家が支配した尾張地方にとっても、食料増産は必須であった。田畑を増やさねばならない。尾張藩は、江戸時代を通して新田開発に力を入れた。現在も各地に残る○○新田という地名は、その時に開かれた土地であることに由来している。

海岸部においては水を干上がらせる干拓によって、丘陵地においては山林原野を切り開いて、耕地は次々と広げられていった。知多郡においては、記録上確認できるだけで、正保年二年から寛文一一年（江戸初期に相当）までの開発面積は約一八八ヘクタール、寛文一二年から寛政年間（江戸中期から後期に相当）には約二五八ヘクタールの新田が開発された（青木、一九九六）。二〇一〇年における知多半島の経営耕地面積（水田）が二九二九ヘクタールであるから、併せてその一五・二％にあたる。

丘陵地の新田開発は、現在の農地造成工事と異なって、もともとある地形や水の環境に沿ったものだった。谷戸田や棚田といった現在に続く里地里山の景観は、このころにつくられたものが多い。江戸時代の絵図を見ると、細長い谷戸田があちこちに確認できる（図8）。

水田を造成すれば、そこに水を引かなければならない。特に知多半島は、夏の降水量が寡少になることがあり、引水可能な大きな河川もほとんどないため、水不足が相当に深刻だった。「知多の豊年、米喰わず」という言葉があった。知多半島が潤って豊作になった年は、他の地域では雨が降りすぎて洪水になり、米が食べられない、という意味だ。それだけ、知多半島で

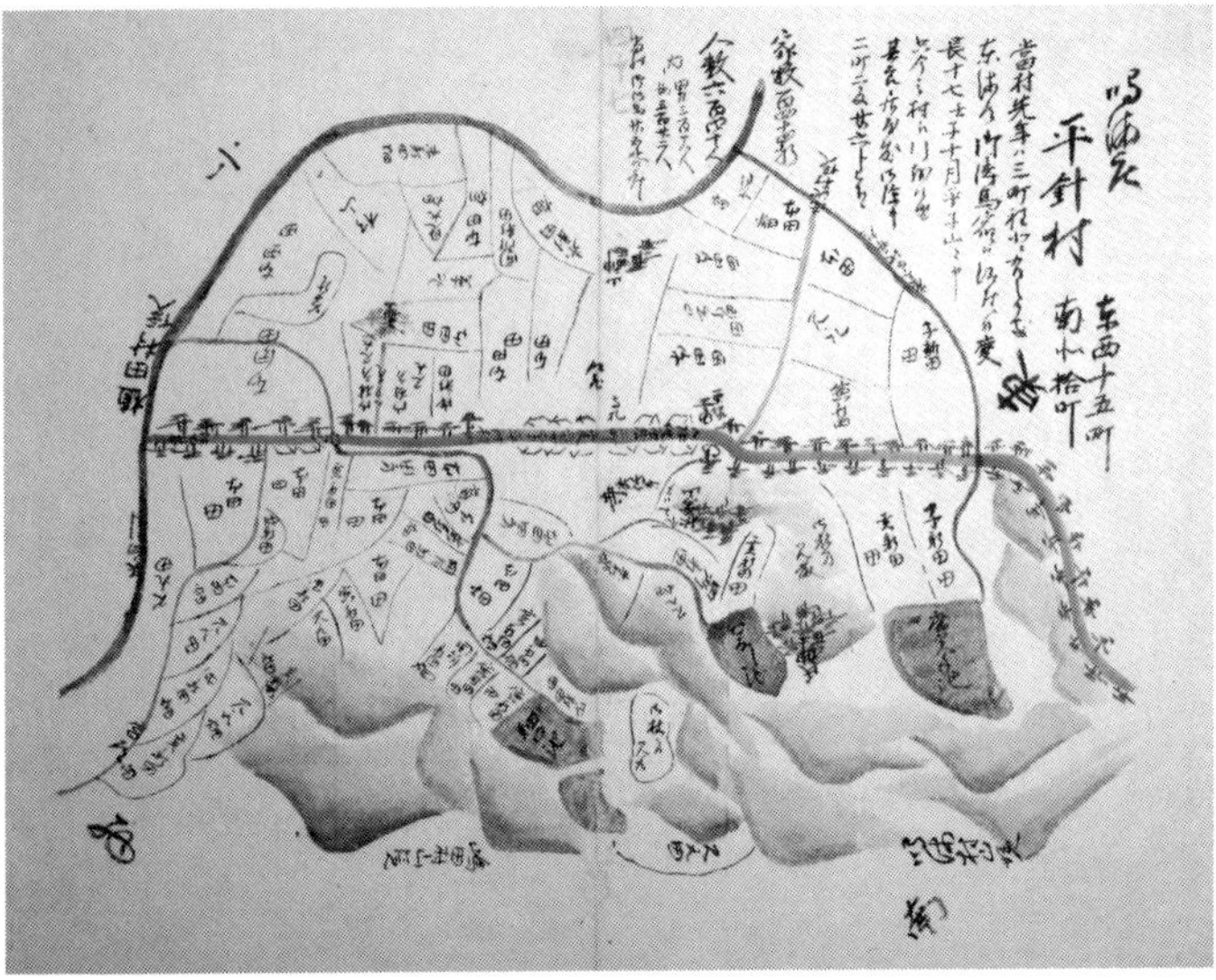

図８　谷戸やため池の見える寛政年間の村絵図。（『愛知郡邑全図』のうち平針村）（愛知県図書館所蔵を筆者が撮影）

の水不足は深刻で、農業用水の確保は切実な問題ものだった。ため池は、そうした土地で農業を行っていくのに無くてはならない施設だった。

新田開発とため池の造成はセットになって行われた。尾張藩が調査した記録によって知多郡全域を見渡してみると、一六七一年には八六四（『寛文村村覚書』による、ちなみに尾張全体では一四二九）が確認でき、一八三〇～一八四四年には一五〇個所近くが新たに増えて一〇〇二（村絵図による）となっている（青木、一九九六）。実際には、こうした記録には挙げられないような非常に小さなため池が無数に造られたはずで、これらも数え上げれば数千に上る。

このように、知多半島では新田開発やため池造成といった土木工事が盛んに行われていた。技術水準は高まり、知多半島の農民は、農閑期になると各地の河川工事や新田開発の現場に集団で出かけ、現金収入を得た。出稼ぎ先は、尾張国内や三河などの近隣が多かったが、遠くは伊勢や摂津などにも向かったという。この技術集団は黒鍬衆と言って、先々で尊敬を受けた。

近世の知多半島中部には、三河湾側に亀崎、伊勢湾側に大野という比較的大きな港町があった。この二つの港を結び、知多半島を横断する街道は「黒鍬街道」と呼ばれた。この街道には、港から各地に向かう黒鍬衆がたくさん往来をしていたのだろう。現在は新しくできた国道に主役の座を譲り、静かな生活道路となっているが、当時は活気に満ちたにぎやかな道だったようだ。

江戸時代の森の様子

この章の冒頭で説明したように、かつて里山は今とは比べ物にならないくらいの重要な経済資源であった。燃料・建材・肥料・飼料・食料その他さまざまなものが里山から供給されていた。為政者からみれば、そこを支配し厳重に管理することが、権威を保つだけでなく、経済や社会の安定を保つためにも重要であった。

尾張藩はこうした利用規制や管理の目的で、山林をいくつかに区分した。時代によって区分や呼称は多少変わるが、主には次のようなものがある。藩直轄で立ち入りを認めない「不入御林《ふにゅうおはやし》」、税金を支払って民間に利用させる「平御林《ひらおはやし》」、基本的には民有林であるが利用税の支払いや利用の許可を要する「定納山《じょうのうやま》」、さらには、ため池の周囲に水源の涵養や砂防の役割を担わせた「砂留山《すどめやま》」などである。

こうした山林のゾーニングは、尾張藩に限ったものではなく、全国の諸藩に見られた。藩の強い管理下にあった山林は、御林のほか、御留山《おとめやま》とか御建山《おたてやま》などと呼ばれることもあった。

話は急に東京に飛ぶが、新宿区の高田馬場近くに、都心にもかかわらず涼しげに木々の繁る緑地がある。かつてはヘイケボタルの名所だったという「おとめ山公園」である。昔そこを訪ねた美しい乙女がいたのでは、と想像したくなるが、地名の由来はかつて将軍家が狩場として利用した御留山があったことに因む。この例にみるように、かつての山林区分の名前は、今でもあちこちで地名として引き継がれている。かつての尾張藩内でも、御林は東海市・常滑市・阿久比町、定納山は名古屋市緑区の地名として残っている。それだけ、人々にもこのゾーニングが意識されていたということだろう。

定納山は、人々が共同で使用する入会《いりあい》としての性格を持っていた。今のように個人が山林を所有するようになるのは、基本的に地租改正が行われた明治以降だ。それまで、多くの山林は村落の皆が共同で持ち、管理する場所だったのである。だから、山林利用のルールは厳しく守られなければならなかった。

定納山ではなく平御林の例だが、たとえば、こんなルールがあった。「松の木を盗伐したことが発覚したら、一本につき銀六〇匁の罰金を徴収し、三日間縛り、身柄をその村の庄屋に預け拘留する」「松の木に成っている松かさを盗ったら三〇匁の罰金を徴収する」……。これは、一六八五年、尾張藩が知多郡の村々に出した『山御法度条々』という法度だ。松かさまで処罰対象とするのだから、相当な厳しさである。
　また、それだけ大切にされた山林（里山）であったから、その利用権の及ぶ範囲を巡っては各地で争いが起こった。これを山論という。山論は訴訟沙汰となり、何度も繰り返された場合もあったことが、当時の文書からうかがい知れる。

都市近郊の住宅地に地名として残る「定納山」（上：愛知県名古屋市）と「御林」（下：愛知県常滑市）。定納山の写真の一部を改変した。2015 年 2 月。

　しかし、当時のすべての森林が豊かな恵みを供給してくれるとは限らなかった。江戸時代後期に執筆された『尾張名所図会』という地誌書（ガイドブック）がある。美しい絵画で、尾張藩内各地の名所を紹介したものだ。絵の背景にある山々を眺めてみると、多くの絵でマツがまばらに生えるはげ山に近い植生がみえる。たとえば、現在の名古屋市天白区にある音聞山という小高い丘は、熱田の海の瀬音まで聞こえるというほどに、眺望のよい場所として知られていた。そこを描いた絵（図9）を見ると、山の地肌の見える崖のようなところに、ひょろひょろと疎らにマツが育ち、あとは背の低い灌木や草が申し訳程度に生えているだけだ。たしかに、見通しが効いて眺めがよさそうだが、名所の植生としてはちょっとさみしい。なぜ、このような状態になっているのだろうか。

瀬戸や常滑といった地域に収斂したとはいえ、それぞれの場所で大きな産業として発展した窯業を継続させるためには、各地から割木と呼ばれる薪を調達する必要があった。『尾張名所図会』には瀬戸の登り窯の絵（図10）もあるが、遠くに見える山々はやはりはげ山に近い。このような背景から、瀬戸や常滑の周囲を中心に、引き続き過度な森林利用が行われていた。すでに書いたように、江戸時代は人口の増加が著しい時代でもあった。これに伴って日常の煮炊きに使用する薪炭の量も増加したことだろう。地質による違いもあるが、こうした経緯からはげ山がところどころに広がっていたのが、江戸時代から昭和初期における尾張地方の森林の姿である。

はげ山が目立ったのは、尾張地方だけではない。「天下の山林十に八尽く（この世の森林の八〇％は使い尽くされてしまった）」と書いたのは、岡山藩に仕えた熊沢蕃山という学者である。中国地方のはげ山の原因は、たたら製鉄など愛知県周辺とは異なる背景もあるが、いずれにしても日本各地の森林が酷使されていたのが江戸時代だ。かつて、愛知・滋賀・岡山の各県

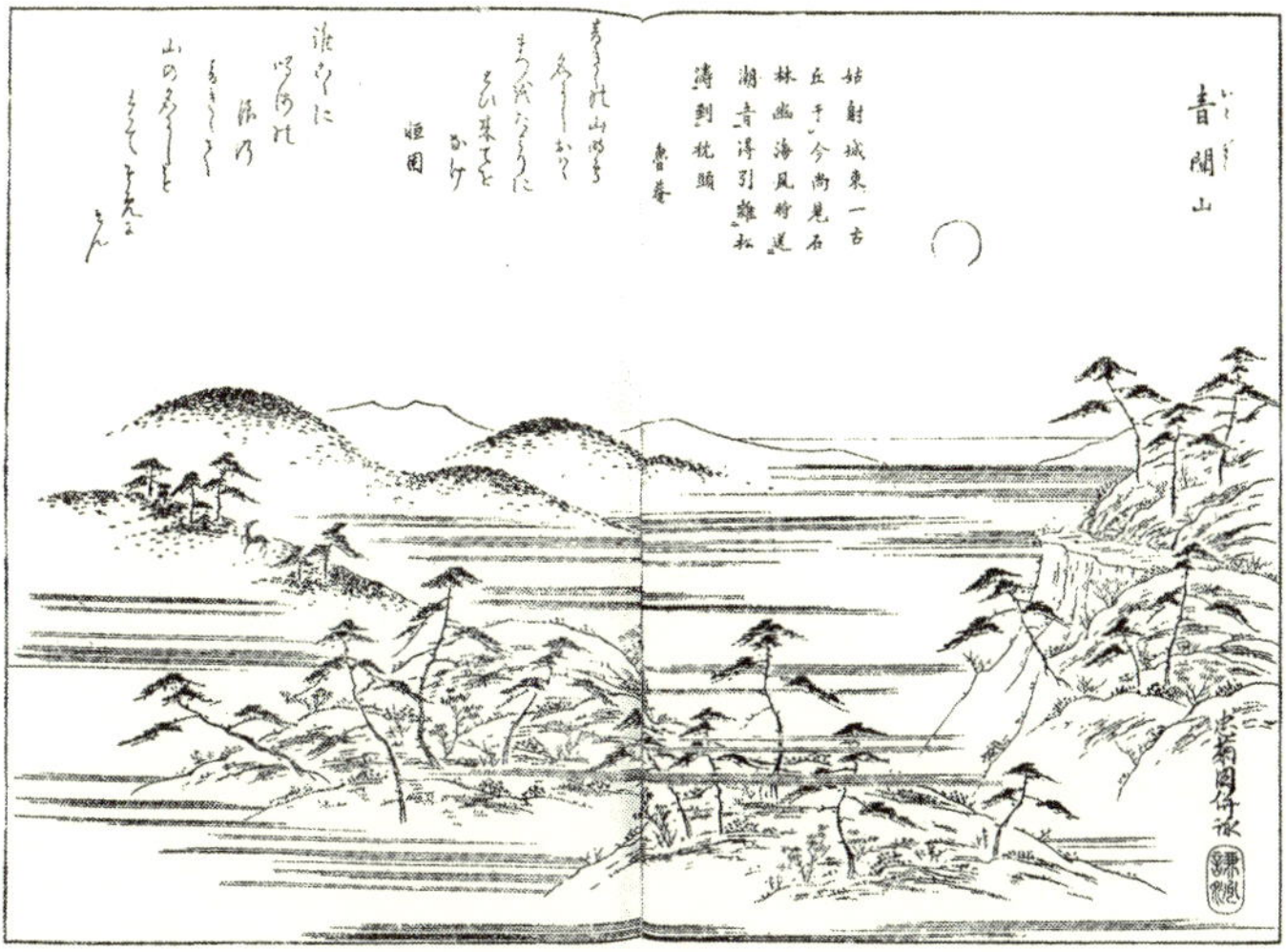

図９　『尾張名所図会』に描かれた江戸時代後期の音聞山。（出典：国書刊行会（1986））

図10　『尾張名所図会』に描かれた登り窯とはげ山のある瀬戸の風景。（出典：国書刊行会（1986））

は三大はげ山地帯と言われていたが、それはこの時代から続いている。先に触れた、為政者が山林の管理を強化した背景には、資源の統制という意味だけでなく、現代における防災の考え方につながるような、国土保全の意味も大きかったと考えられる。

農民と里山の生態学

はげ山に対する本格的な治山事業が始まるのは、明治以降である。愛知県周辺を例に取れば、ホフマンに代表されるような、いわゆるお雇い外国人に指導を受けながら、西洋の土木技術を取り入れて森林の回復を図っている。しかし、江戸時代にはげ山が完全に放置されっぱなしだったかというと、必ずしもそうではなかったようだ。

一七世紀に成立した農書（農業の手引書）に『百姓伝記』がある。尾張地方と隣接する西三河地方の武士、または上層農民が書いたとされる書物だ。記されたたくさんの項目の中に、「木なき山をはやす事」と題するものがある。

「一帯に草木のない山があるものだが、そこには草を生やして木を植えること」（『日本農書全集』に基づく現代語訳、以下同）と始まる文章は、どのようにしたらはげ山の植生を回復させることができるのか、丁寧に解説している。ざっと要約すると次の通りだ。

山頂部は水分が少ないから、中腹付近で土の肥えたところをまず探す。その場所の土が動かないように古いむしろやこもをかぶせて、スズメノテッポウなどの雑草やアワ・ヒエなどの穀物の種をまく。これらの種を鳥がついばみ、糞をするようになれば、さらにいろいろな草が茂るようになり、自然に山頂まで生え登るようになる。木は、苗を仕立てて直接植えるのがよい。

私はこれを読んで非常に驚いた。ずっとのちの時代に西洋の学問として入ってきた生態学の基本原理が書かれているからだ。少し前に紹介した植生遷移の話を思い出してみてほしい。この「木なき山をはやす事」には、植生遷移という言葉こそ出てこないが、最初は一年生の草を生やすこと、土壌の発達が重要であること、鳥が種子を運ぶことが森林回復につながることなど、どこかで生態学を学んで、それを応用した森林再生を検討したとしか思えないような内容である。

この百姓伝記には、ほかにも里地里山を生態学的に観察した事例が多い。たとえば、「稲に鹿・猿・諸鳥付、をどし案山子の事」という項目には、「稲を植えたあと、田の中にはかえる、どじょう、小魚、たにしがいるため、必ずおおとり、かるがも、ごいさぎが集まってきて、田を踏み荒らし稲を痛める」とあって、食物連鎖の存在をきちんと理解していることがわかる。さらに、同じ項目には「鹿や猿が多く出るときは、蒼朮（引用者注：植物由来の漢方薬の一種）と狼の糞を混ぜ合わせ、糠に炊き混ぜ、風上におくとよい」という豆知識も紹介されている。当時の愛知県の里地里山にオオカミが生息していたことにも驚くが、オオカミの糞が獣害を防ぐという生物農薬的な考えがあったことにはもっと驚く。

農村の自然環境の研究を行う守山弘さんは、『むらの自然をいかす』（一九九七）の中で、山犬信仰や稲荷信仰について考察している。全国には山犬（ニホンオオカミ）やキツネを祭る神社があるが、これらを祭る地域では、神社に供えたお札や石をイノシシやネズミなどの害獣除けに用いることがある。この理由は、神社がニホンオオカミやキツネのテリトリーとなっており、その匂いが供え物に付くために、実際に害獣を近寄らせないような効果を発揮したからなのではないか、という。神社の御利益というと、まじないのような非科学的なものを想像しがちだ。しかし、こうしてみると、里山で行われていた信仰の中には、経験に基づいた科学的な慣習が発展したものも少なからずあるようである。

ところで、『百姓伝記』の「木なき山をはやす事」の最後はこう締めくくられている。「はげ山や砂山、木のない山は無駄とばかり考えていたものだが、波打ちぎわの荒砂でさえも、草を生やして木を植えるなら根がつかないということはない。このようにすれば、むらの周囲を豊かにする源になる」。当時の農民は、単に里山の森林を無自覚に使い果たそうとしたり、荒廃した自然が招く災害に翻弄されていただけではなかった。まず、自然のしくみをつぶさに観察し、理解した。その上で、どのようにしたらその恵みを受けて生活が豊かになるのかを考えていた。全員ではないかもしれないが、少なくともそういう行動をした人がいたのである。『百姓伝記』はこのことをよく教えてくれる。

3　語りからみる里山

語りから浮かび上がるリアルな里山

初めて知多郡美浜町にあるHさんのお宅にお邪魔した日は、今でも鮮明に覚えている。夏の始めの暑い日だった。開け放たれた縁側から、ニイニイゼミの激しい蝉しぐれが響いている。それをBGMにして、Hさんはかつての里山の思い出をゆっくりと話しはじめる。

「小さい田んぼばっかだったでね。田植えにしても、自分で植えるだで、はぁ一枚植わった、また一枚植わったってね……」。

こんなふうにして、愛知県の知多半島を中心に、これまでに何人かの方から里地里山の話を伺った。近世までの里地里山の姿は、既に眺めたように、遺跡から発掘される遺物や古文書の記録といった歴史的・考古学的な資史料からしかわからない。細かいことは、どうしても推測に頼らざるを得ない。明治を迎えると、客観的な統計が整備されるようになり、風景写真なども撮影されるようになる。これらの分析は非常に大切であるが、しかし、里地里山の日常を知るには、やはりまだ不足がある。ところが、大正・昭和以降になると、その時代を実際に生きた方から直接お話を伺うことができる。その里山で日常を送った方々のお話（以下「語り」と呼ぶ）からは、ふつうは記録に残らない、細かな習俗や感情の起伏までも読み取ることができる。これは、リアルな里山の姿と言っていいだろう。第一章に紹介した間瀬さんの語りは、まさしくそうした貴重な生きた記録であった。

ここでは、こうした複数の語りに基づいて、方言も混じったその語り口をできるだけ残しながら、知多半島の高度経済成長期前（およそ一九五〇年代頃まで）の里地里山の姿を描いてみたい。なお、本書の構成上、ため池や湧水湿地に関する内容は、次章以降で改めて紹介する。まずは、森林や農地の利用や、そうした場所に生息する生き物と人々の交流に着目しよう。

松林とゴーカキ

かつての知多半島の丘陵は、どこまでも続く、うねるようなマツ林に覆われていた。『尾張名所図会』に描かれたのとほとんど変わらない、痩せた小さなマツが寄せ集まったような林ではあったけれど、それでも今では想像もできない、圧倒されるようなボリュームがあった。

そうだね、雁宿公園から向こうはみんな山・山という感じで、窪みのあるところが田んぼになっていた。その向こうが土井山。普通はドンヤマ、ドンヤマって言っていたね。土井山のへんは、そう極端に大きい木はなかった。背丈くらいの木しかなくてね。松が所々ぽつんぽつんとあって、その間が雑木。ツツジも咲いていたり。土井山の向こうは行かなかった。

Tさんは、子供時代を過ごした一九五〇年代頃の半田市の里山をこう振り返る。雁宿公園というのは、明治時代に天皇が行幸したことを記念して整備された、小高い丘にある公園だ。現在でこそ、住宅地の中に取り残された緑の島のようになっているが、当時そこは、連なる里山の入り口だった。ドンヤマ（土井山）は、そのさらに奥にある標高三〇メートルほどの山だ。ここは現在、太い四車線の道路が貫き、ユニクロやサイゼリヤなどの郊外型店舗が立ち並んでいる。しかし、当時は谷戸が入り組んだ里地里山のまっただ中だった。半田の街に暮らす子どもの行動圏はここで尽きる。そのさらに奥はめったに行かない領域だった。Tさんはこう続ける。

あの辺り（土井山）にはカメがよくいて、小さいカメもいて、それを捕りに行って、土管の中で飼った。飼ったのは、他にもフナもいるし、ドジョウもおるし、モロコもおる。ドジョウはおもしろいよ。ぴゅーっと上にあがって、呼吸して、また下りてくる。

子どもたちにとって、里地里山は広大な遊び場で、そこに生きる生き物たちはいつ行っても出会える遊び相手だった。しかし、子供たちは里地里山で遊びばかりをしていたのではなかった。ゴーカキという大切な仕事があった。

暗黙の了解か、かえって喜ぶのかどうかは知らんけど、みんなが（雁宿公園に）ゴを掻きに行っていたね。来ると誰かがゴを掻いていた。冬の間にがばっと掻いて、貯めておく。俵のような形にまとめて、屋根裏に上げておく。（そこには）ネズミがいっぱいいたね。冬の火鉢で練炭を使うけれど、火がつくまではゴを使っていた。

ゴとは、マツの落ち葉のことだ。ヤニ分が含まれてよく燃えるので、乾いたゴはかまどなどの炊き付けとして重宝した。マツ林でゴをかき集めることをゴーカキといい、これは子どもたちの仕事だった。ゴーカキのシーズンは、空気の乾燥する冬だ。現在の常滑市の南部、大谷という集落で幼少期を過ごした澤田さんも、ゴーカキの思い出を語る。

風が吹くと、あそこの子が行ったかしらん、ここの子が行ったかしらん、とはらはらしながら、「ゴをかく」と言って、山へ松葉をかきに行くわけです。うちの母親は、それを常滑（現在の常滑市の中心部）まで持っていったね。常滑では、焚き付けに使う人がたくさんいる。大八車に乗せて、米俵のように丸めて、もって行く。もどりは、砂糖を買ったり、いろいろ買ってきたような気もします。

この語りに見るように、ゴは、商品でもあった。売ったお金で、お母さんが砂糖などを買ってくるのだから、おいしいお菓子を作ってもらえるかもしれないと、子供たちは張り切っただろう。ゴをかく話は、知多半島で聞き取りをしたほとんどの方から聞いた。それだけ、ありふれた家事だったということだ。調べてみると、知多半島に限らず、マツが里山に卓越する地域では広く行われていたことがわかる。

広島県の丘陵地は、やはりアカマツが卓越する山林が多い地域である。『黒瀬町史　環境・生活編』（黒瀬町史編さん委員会、二〇〇三）に掲載の聞き書きによると、マツの落ち葉はコクバと言って、やはり子どもの仕事として「コクバ採り」が行われていたようだ。「一番印象に残っとるのは、山へ薪、コクバを採りに行く」というように、たくさんの人がコクバ採りについて語るところなど、知多半島の状況とまったく同じだ。山形県の庄内平野では、海岸砂丘に砂防のためマツが植林されている。酒田市の内陸部では、かつて最上川が運んだ流木を燃料として用いたが、寺町という海岸に近い市街地で聞き取りをすると、マツの落ち葉を集めて使ったという話を聞くことができた。九州の唐津には「かんね話」というとんち者が活躍する話があるが、その中に「松葉買い」というものがある。かんねさんはある日、行商に来た松葉売りから炊き付けの松葉を買おうとする。松葉売りは、指定された小さな納屋に束にした松葉を入れようとするが、入り口が狭いから崩れてしまう。「崩れたものなら買えない。持って帰ってくれ」とかんねさんに言われた松葉売りは、仕方なく崩れた松葉をかき集めて帰ったが、全部は集めきれない。残った松葉を「しめしめ」と集めたのはかんねさん。こんなように、全国各地で松葉は重要な燃料だった。
ところが、ゴーカキと比べて、木を伐採する話は、意外にもあまり聞かなかった。澤田さんはこのように話す。

薪を切って束にして売る売り屋があったね。（普段は身近に手に入る廃材を使っていたが）お正月には、アラスの木（新しい木）でなけな（でないと）いかんゆうことで、そういう木を買ってきたね。家に山のある人は、きってきちゃあ、使いよったけどね。

半田市のTさんも、「薪屋さんから薪を買っていたからね」と言う。持ち山や入会の山の木を必ず切って使ったということはなく、廃材を利用したたり、売られているのを買ったりということも多かったようだ。地域によって違うのかもしれないが、大正から昭和初期の頃の知多半島では、里山の日常的利用は、ゴーカキかせいぜい落枝を拾う程度だったようだ。
ところで、こんな話も聞いた。

（太平洋）戦争中の（昭和）一八年から一九年、兵隊さんが来て、この前の山の大きな松の木をどんどん切っていっただね。この伐採隊というのが、どっかへ持っていった。おそらく軍事目的だね。

これは、冒頭に紹介した美浜町のHさんのお話である。伐採された樹木が、どのように使われたのかはわからない。当時の記録を紐解くと、太平洋戦争で劣勢となり、原油の調達がままならなくなった日本は、松の根を生成して得られる油（松根油）をガソリンの代用品として航空機燃料に使用したという。このため、各地でマツが大量に伐採されたという記録もある。美浜の松の木も、こうした燃料に供出されたのかもしれない。悲しいことに、戦争は里山をも巻き込んだのである。

ハッタケとり

新美南吉の代表作『ごんぎつね』の主人公ごんは、かつて行ったいたずらのつぐないとして、母を亡くして気落ちしている兵十に何をしたか。ご存知のように、こっそりと栗やマツタケを運んでいた。南吉は、知多半島の山に住むキツネが山から運ぶ品は何がいいだろうか……と考えたとき、自身が子どもの時分、近くの里山できっと行ったはずの、キノコ狩りを思い出したのかもしれない。その証拠になるかどうかわからないが、別の『ごんごろ鐘』（一九四二年）という作品で、こんな描写をしている。

深谷というのはぼくたちの村から、三キロほど南の山の中にある小さな谷で、ぼくたちは秋きのこを取りに行って、のどがかわくと、水をもらいに立ち寄るから、よく知っているが、家が

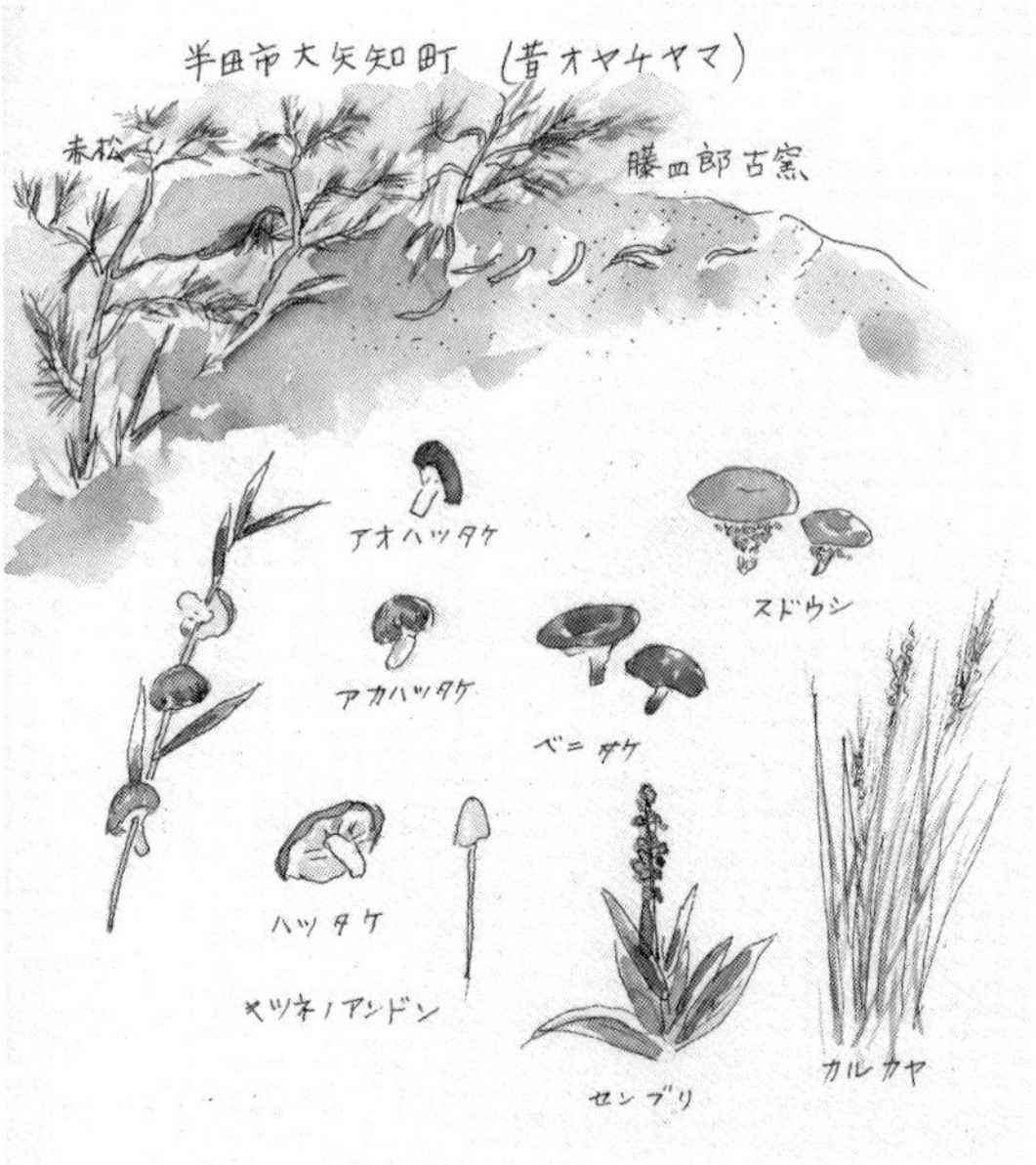

オヤチ山周辺の松林と古窯、様々なキノコ（有毒のものを含む）。子どもたちは、左側にあるように、採ったキノコをササに刺して遊んだ。1935年頃の思い出。イラスト提供：間瀬時江さん。

四軒あるきりだ。電燈がないので、いまでも夜はランプをともすのだ。その近所にはいまでも狐や狸がいるそうで、冬の夜など、人が便所にゆくため戸外に出るときには、戸を明ける前に、まず丸太をうちあわせたり、柱を竹でたたいたりして、戸口にきている狐や狸を追うのだそうだ。

ゴーカキと双璧をなす里山の思い出は、キノコ狩りだ。秋になると、マツ林では多くの種類のキノコが発生する。知多半島では、キノコ一般のことをハッタケと呼び、キノコ狩りはハッタケ採りと呼んだ。採れたキノコは、アカハチ・アオハチ・ヌメリ・ササタケ・シメジ・ネズミバッタケなどで

（いずれも地方名）、そして時にはマツタケも採れたらしい。いずれも、食用として汁の具などにされた。

伺ったハッタケ採りの記述をいくつか並べてみよう。まずは、ゴーカキをした雁宿公園でハッタケも出たと教えてくれた半田市のTさんのお話から。

雁宿公園ではキノコがあって、アオハチ、アカハチ、ヌメリ、それからネズミバッタケといって、紫色でひじきか昆布みたいにシュルシュルッとなったのもあった。ほとんどの人が採りに来るから、みんな知っとるね。食べれるか、食べれんか、知らんどるうちに自分でも覚えていたね。匂いをかぐといい匂いがするものがほとんどだった。売るために採る人もいて、三八市（半田市で行われる朝市のひとつ）なんかでざるに入れて売っていた。

里山に生えるキノコの中には当然、食用のものも有毒のものもある。親などの年長者に連れられて何度も採取を繰り返しているうちに、知らず知らず、その区別を覚えていくようになる。里山の利用知識の伝承は、こうして行われていた。

年長者から伝えられるのは、キノコの生える場所や、食べられるキノコの見分け方だけではなかった。続いて、第一章に紹介した間瀬さんのお話に耳を傾けよう。

このあたりの山（現在の半田市大矢知町周辺）を、オヤチ山そいたの（と言ったの）。子供の頃、この山へハッタケ採りに来たの。小学生だから、大人の人についていくわけだ。「アカガワラ」という小さな小屋が山のはしっこにあって、そこを通り越いて行くと「ウシノショウンベン」というところがあるの。清水が、ちょろちょろちょろちょろ出てるの。だからそういう名前なんだね。そこで初めて私が感激したのは、胃の薬、センブリが咲いていてね、初めて見たの。それから、オヤチ山界隈には、古い焼物の跡があったの。焼いた皿がいっぱい落ちているの。子供の頃にいくら探しても、一つも割れていないのは残っていない。茶碗がね。今はもう開発されて、無くなっているだろうね。

アカガワラという小屋。ウシノショョンベンという清水。そして古い窯の跡。ハッタケ採りに向かう道すがら、様々なものが目に入る。その名称や位置を知り、知らぬ間にその場に降り積もる歴史も感じている。子どもたちが、身の回りの環境を認識し、原風景を形成してゆくプロセスのひとつが、ハッタケ採りだったのかもしれない。

田んぼ作業

里地里山の思い出話の紹介を続けよう。里地にある田んぼや畑は、生産活動の中心地である。住民が一番身近に感じていた風景に違いない。しかし、田畑の様子は現在とは大きく違っていた。なにしろ、一つ一つの区画がとても小さかった。先に紹介した澤田さんはこのように話す。

田畑は、大谷というけど、小さいです。千枚田のような田はなかったですが、谷があって、真ん中に一つ大きな田があって、ぐろ（隅）に、小さい田があって。小さい村ですから。両方で、だいたい三〇〇軒くらい。村から田んぼへ行きよって、小松谷というところまで畑しにいきよったね。

半田市の有脇という地区で農業を営むIさんが語る田んぼの風景も、ほとんど一緒だ。

三重県の紀和町のようなあんな立派な棚田は知多半島にはない。けど五段か六段くらいの棚田は方々にあった。小さな田んぼでね。結局そういう田んぼでも仕事がしにくいから圃場整備事業みんなやっちゃっただけど。

当時は、田んぼへ行くのも、田んぼを耕すのも牛を使っていた。集落から牛にひかれて田んぼへ行くまでの道のりは、しばしばたくさんの時間を要した。

ここ（上野間集落）から、今の体育館あたりにあった田んぼまで行くのに、牛車《ぎゅうしゃ》で一時間かかった。牛車でなかったら手車だね。後ろに荷物が乗るようになっていて、それを引っ張って行ったね。牛車には家族が乗ったりもしたよ。田んぼへ行くのは明るくなってからだけど、帰りはだいぶん暗くなっていたね。昼には弁当を持っていってね、涼み木という大きな松の木が三本あってね、そこで昼寝したり、弁当食べたり、のどかだったよ。

こう語るのは、節の冒頭に紹介した美浜町のHさん。ここからは、Hさんのお話に基づいて、里地での田んぼ作業の一年を描いてみよう。田植えは遅かった。田んぼに稲を植えるのは、今より一月ほど遅い六月だ。

いろんなところにハネツルベがあってね、池の水がはいらんところでは、それで揚げないかん。ハネツルベやらん人は、バケツ持っていってジャバコ、ジャバコと手でね、水を揚げただよ。

ハネツルベというのは、用水路から水田へ水を引く際に利用する据え付け型の道具だ。大きな柱を水路の近くに立て、その先に横木を渡し、片方に釣瓶《つるべ》、片方に重りの石を括りつける。そうすると、てこの原理で釣瓶が跳ね上がり、少ない労力で水を汲むことができる。少ない労力と言っても、バケツで汲むのに比べていささかは、ということだ。ちなみに、現在の知多半島は、後に述べるように愛知用水が行きわたっているから、蛇口をひねれば苦もなく田んぼに水が入る。

田んぼのあぜには、自家用の味噌を作るために「あぜ豆」を植えた。あぜ豆は、美味しい自家製味噌になった。

水田《みずた》（冬も水が張る田）ではやらんけど、二毛作の田んぼでは（あぜ豆の栽培を）よくやりよったね。畔のすみに、ちょんちょんとカギで穴をあけて、豆を三つぶ蒔いて、竈の灰を被せてね。（収穫した豆は）味噌豆として、家で味噌を作ったね。大きな竈があってね、おかまで蒸いて、家で作ったねえ。


夏の草刈りは大変だった。ものすごい勢いで草が伸びるからだ。

そう、鎌でね、（草刈りを）全部やっただからね。全部で三回くらいあったかな。田植えの前に一回。『シロヌリ』そいて、田んぼ植える前にいっぺんきれいに刈って。それから途中に一回刈って。稲刈り前に一回刈らないと、草が茂ってくる。今くらいの時期（七月）も一生懸命刈ったよ。


収穫は遅かった。

（収穫は）十一月くらいだね。十二月に、稲をこいでいたからねえ。田んぼに氷が張るときに、稲刈りをしていたものね。二毛作の所はね。水田《みずた》はええよ、一回だけだでね。明けても暮れても、田んぼだったわ。今はらくだね、機械だもんねえ。全部鍬で、ひと鍬ひと鍬やっていたものね。

つまり、一年中水に浸された湿田ではできなかったが、冬は乾燥する乾田では二毛作が行われていたということだ。裏作は、麦・菜種などだ。春になると各地に、一面の菜の花畑が出現した。

蚕を飼う

大正時代から戦前まで行われていた養蚕にも多少触れておこう。養蚕は飼育のための広い空間が必要なので、大きな家でしかできない。美浜町のHさんは、たくさんの部屋を蚕のために取られてしまった経験をこんな風に語る。

（上野間で養蚕をしていた家は）ほとんどじゃないけど、半分くらいだね。小さい家では蚕を飼えんでね。四部屋くらいあれば飼えるけど。やだったねえ。蚕を飼う場所で部屋がみんなとられちゃうでねえ。みんな蚕の部屋になっちゃったねえ。

一方で、養蚕をしていなかった澤田さんの語りはこんなだ。

養蚕をやるときは、畳をみんな上げちゃってね、人間は狭いところで暮らす。だから、「お蚕さんを飼うような家のことを思えばいい」なんてね、言っていたね。

儲けは出るのかもしれないが、人の生活の快適さが犠牲になっていたようだ。養蚕が興隆した時期は、丘陵の里山の様子も大きく変わっていた。蚕の餌のため、桑畑が爆発的に増えたのだ。そうした桑畑は子どもたちの遊び場でもあった。

桑の畑もあったね。桑に、もも（果実）が生るでしょう。それをよその畑へ入って盗って食べたおぼえもありますけど（笑）。桑のももはおいしかったですわ。イチゴみていな紫色のが成ってね。（澤田さん）

それで、子供は桑の実を採りに行くんだわ。道で、牛車とか荷車を引っ張っていくんだね、おじさんたちが。そこへ後ろから近づいて、ぴゅっと桑の葉を抜き取る。自分が遊びで飼っていた蚕に食べさせるためね（笑）。男の子は、牛車にひょいと乗ったりね。そいで、「ほれぇ！」と叱られるだわ。（間瀬さん）

生き物たちとの交流

土井山について述べたところで、半田市のTさんがたくさんの生き物を飼った思い出を紹介した。このような里地里山の生き物と、住民との関わりを順に見てゆこう。

まず、夏の風物詩、ホタルについて。知多半島では水量豊かな清流がないので、ゲンジボタルはいない。田んぼなどの止水に生育するヘイケボタルがその代表種である。

武豊に親戚があってね、七月に、夏祭りに呼ばれて行くだわね。暑いから戻りは涼しくなってからにしようということになります。山道を通ると、ホタルがポカポカ、ポカポカとよく見えたこともあります。お稲荷さんの裏に親戚があったけど、そこで夏祭りがあったです。手筒花火という小さな花火を見たり、道のぐろ（端）からずーっと店が出ていてね、そこへ行って覗き（引用者注：覗きからくりのことと思われる）もあったし、大人の人は茶碗を買ったり、いろいろ買ったりして、もどってきます。その夏祭りから帰ると、蛍が飛びまわっとるんです。（澤田さん）

蛍はたくさんいたよ。昔より少なくなったけど、まんだ今でもいるよ。昔、蚊帳《かや》を吊っていた頃、瓶の中へ蛍をば入れて、スギナとか麦からで栓をして、蚊帳の中へ吊っておくと、光ってきれい。よう、やりよったよ。家の回りも、全部田んぼばっかだったもん。そこへ出ていくと畔にいっぱい止まっているの。除草剤をやる前で、手で草を取っていた頃は、ようけ（たくさん）おっ

たもんね。(美浜町のHさん)

もう、そもそもが、名鉄知多半田の駅から北側が、すべて田んぼだった。わたしが小学校の頃だから、昭和二五年くらいかな。そのころには、夏休みにもなれば、必ず、「蛍狩りに行こう」って蛍狩りに行ったもんだ。ヘイケボタルがとにかくたくさんいた。夜だで、真っ暗だもんで、普は懐中電灯がなかったから、月明りを頼りに行ったね。(半田市のTさん)

里地里山の生物相の豊かさを示すものとして、先にオオタカを紹介したが、フクロウ類も重要な猛禽類だ。屋敷林の中にフクロウが棲息していたことを間瀬さんはこう話す。

フクロウはね、お父さんに聞いた話だけれど、家の杉の木の大木にいたよ。家は亀崎の駅前の辺りね。伊勢湾台風で三〇本くらい倒れちゃったけど、その前はすごいこんもりと茂っていたわけだ。家は森の中だったね。二〇〇坪くらいで、みんなは山、山そいてたね。庭園を管理しないから、藪になっちゃったんだね(笑)。

街の中にも普通にフクロウがいたということは、餌であるネズミやカエル、小鳥や昆虫類がたくさんみられる広大な里地里山が、その背後にあったということだろう。フクロウはゴロスケホーホーと鳴く。ボロ着て奉公、などと聞きなしされるが、次に紹介する、半田市のTさんが話すのは、鳴き声から推察するに、小型の近縁種であるアオバズクだろう。

ああ、あれは山の神さんの話ね。今でも、二、三本モクの木（ムクノキ）というのがあるね。あっこの木の割れ目に住んでいた。毎年来て、必ずホ・ホと鳴き出した。フクロウだか、ミミズクだか知らないけど、来るとまあ夏になって、「ほ・ほと鳴くと蚊がぽ・ぽと出てくるだぞ」って蚊がいっぱい出てくるようになる。そういう話があったね。

キツネに化かされる

知多半島の里地里山についての語りを分析をする上で避けて通れないのが、『ごんきつね』に登場するキツネだ。愛嬌のあるこの中型哺乳類は、猛禽類と肩を並べ、里地里山における生態系の頂点をなす。日本全国に生息するため、キツネと人が交流する民話が各地に残る。キツネは民話の中で、人を化かすという特技をよく発揮する。

もちろん知多半島にもキツネの民話が数多く伝わっている。当時の人々とキツネとの交流がどんなものであったのかを知るために、まずはその中から三つほどあらすじを紹介したい。

「キツネに化かされた旅人」 横根（現在の大府市の一部）は、当時はさみしい野山だった。一本の大きな松の木があって、脇にきれいな清水が湧いていた。ある日旅人がそこを通るが、日が暮れてしまった。山奥だから人家は見当たらないはずだが、不思議なことに立派な屋敷から光が漏れているのを見つけ、宿を乞う。旅人は喜んで風呂に入れてもらうが、疲れからか眠り込んでしまう。翌朝、旅人が目を覚ますと、風呂桶ではなく、昨日の泉につかっている。旅人はキツネに化かされたことを悟る。（出典：『大府のむかしばなし』）

「源太狐」　高（現在の東海市の一部）の松五郎が、冬に中ノ池の近くでゴーカキをしている際、親子のキツネを見かける。源太狐という人を化かすことで知られるキツネだとわかった松五郎は、弁当を取られるのではないかと思い石を投げて追い払う。弁当を食べていると、ふもとの村の方で火事が起こっているのを目にする。どうも自分の家が燃えているようだ。驚いた松五郎は、一目散に自宅に帰ると何事も起こっていない。松五郎は、源太狐のしわざと知る。（出典：『東海市の民話』）

「黒山のドンドン坂の狐」　市原（現在の武豊町の一部）周辺の山林は、山深く道が険しく、どこまでも坂が続くためドンドン坂と呼ばれていた。秋の取り入れが終わると、村人は冬に備えて薪をドンドン坂に採りに行った。その辺りにはキツネが多数生息していて、人々を化かした。ある日、三人の村人が薪を荷車に満載してドンドン坂を下る途中、道に迷っている娘と出会う。かわいそうに思った三人は、娘を荷車に乗せて再び下りだすと、しばらくして、突然後ろでキツネの声がした。見るとキツネが乗っていて、こう言う。「振動が激しく薪が体に当たって痛いから、思わず正体を現してしまった」。（出典：『武豊町誌　資料編二』）

キツネの民話は、これら以外にも数え切れないほどある。そして、このようなまとまった形になっていなくても、昭和初期頃までは口伝えで受け継がれた、たくさんのキツネにまつわる話があった。第一章でその一部を紹介したが、半田市の間瀬さんも次のような話をしてくれた。

今の、乙川東小学校のあたりにお墓があったの。親類のところでお祭りの後でご馳走をもらって帰るの。子供は、自転車の後ろに乗せてもらってくるだわ。そいで、稗田《ひえだ》橋のあたりかな、ご馳走がなくなっているだわ。「いや！　キツネが喰やがったな！」ってね。

さて、こうした民話や語りに登場するキツネたちの行動を考えてみよう。

真っ先に挙げられるのは、彼（彼女）らは、里地里山ではあっても、集落から少しはなれたところに出没するという点だ。旅人を化かしたキツネは、人家の見当たらないさみしい山奥。源太狐や、ドンドン坂のキツネも、ゴーカキや薪を取りに行くような山の中。特に、ドンドン坂はその名の通り奥深い雑木林だ。間瀬さんの話に出てくるキツネも、お墓のあるような村はずれの寂しい場所だった。なぜ、キツネと出会うのはこのような場所なのか。

理由はいくつか考えられる。まずキツネは肉食獣であり、オオタカやフクロウと同様、広い面積の里地里山を縄張りとする。このため、里地里山の中でも深い奥行きを持った場所によく出没したという事実の一端を示しているのだろう。

また、第一章に書いたように、そうした場所は夜間、人の往来は途絶え、完全な闇に閉ざされる。様々なミスやアクシデントは、こういう場所でこそ起こる。人は何がどうなっているかわからないから、化けたり、いたずらをしたりする隙をキツネに与えやすい。その証拠に、キツネはたいてい夜間に現れる。もちろん、夜行性動物のため夜に目撃する機会が多いという事実を示している部分もあるだろうが、民話に登場する理由はこちらのほうが大きいだろう。

間瀬さんがご馳走をキツネに食べられてしまった時刻はわからない。仮に夜だとして、そのシチュエーションを想像してみよう。お祭りの太鼓や笛の余韻が残る暗い夜道、ひたひたと背後からキツネが接近してくる。なんだかとてもリアルな話ではないか。「暗いから、ご馳走の入った風呂敷をどこかに落として、わからなくなってしまったんだよ」と説明しては面白くもなんともない。

もう一つのキツネの特徴は、人を驚かしたりモノを盗んだりはするが、生死を分けるような重大な結果を招いたりはしない。ちょっとしたユーモアで人をからかうだけだ。それどころか、こんな民話もある。

「恩を返した六蔵狐」　岩滑（現在の半田市の一部）の八右衛門は、畑仕事の折に煙草を吸うのが楽しみだった。昼食時、いつも来る六蔵狐が現れたのでにぎり飯をやる。再び仕事に精を出した夕方、家に帰ると、畑にたばこ入れを忘れてきたことに気付く。そこに、六蔵狐が煙草入れを届けに現れる。（出典：『続・知多のむかし話』）

「庄七とこぎつね」　朝倉（現在の知多市一部）の庄七は、畑の肥溜めに落ちた子どものキツネを助けてやる。その夜、庄七が寝ていると、潮風に交じって「ショウシチ、砥、ショウシチ、砥」という声が聞こえる。翌朝、畑に置き忘れていた砥石が戸口に届けられているのに気づく。またある日、肥料として使う藻が取れずに困っていたところ、「ショウシチ、藻、ショウシチ、藻」という声を聞く。果たして、家の前に山のような藻が届けられていた。（出典：『続・知多のむかし話』）

彼らは、人を化かすどころか届け物をしてくれるのだ。なんとなく『ごんぎつね』のごんに似ていないだろうか。六蔵狐のほうは、もう八右衛門と顔なじみになっていて信頼関係ができている感じだが、庄七が助けた子ぎつねのほうは、直接人前に姿を現すのが怖いようだ。あるいは、何かの事情で姿を見せられないのかもしれない。だから、ささやくような声で存在を知らせる。よく読むと、届けたのが子ぎつねだとは一言も書いていない。ごんのように「きっと、そりゃあ、神さまのしわざだぞ」と思われても仕方がない。

八右衛門と六蔵狐のような付き合い方はどちらかというと例外で、庄七と子ぎつねのような、あるいは、兵十とごんのような、身近にいることはわかっているけれども、ちょっと距離を置く感じが、当時の一般的な人とキツネの付き合いだったのだろう。それはこんな語りや記述からもわかる。

キツネは（見たことがないが）、わしたちが子供のころなんか、○○牧場（が今ある場所）のすぐ裏に行けば——そこは「ホッコ」という場所なんだけんど、キツネがおるで、「ホッコなんか行くじゃねえぞ、キツネに化かされるぞ」と（言われていた）。（半田市のIさん）

祖母は洗濯物は、夕方必ず家の中にとりこんでいた。（中略）夏など一晩中外に出してもいいのではといえば、狐がいたずらして持っていくといかんからという答えが返ってきた。（木原『知多半島を読む』、一九八八）

少し怖いような感じで、驚かされたり被害を受けたりすることもあったが、基本的には憎めない隣人であって、心から恐ろしいと思うようなものでもなく、時には様々な恩恵を与えてくれた。これは、当時の人々が、里地里山の空間そのものに対して抱いていた気持だったのかもしれない。

ところが、一九五〇年代に子供時代を過ごした半田市のTさんが、キツネに化かされる話を「一つ上の世代の話だね」と言っていたように、知多半島で人がキツネに化かされたのはせいぜい一九三〇年代頃までだった。哲学者の内山節さんは『日本人はなぜキツネにだまされなくなったのか』（二〇〇七）で、日本人がキツネに化かされなくなったのは一九六五（昭和四〇）年頃だと言っている。人々と周囲の生命が複雑に結び付き、それを自覚しながら暮らしていた時代の終焉とそれは重なると論考しているが、知多半島では、それがもう少し早かったのかもしれない。里地里山の大きな変容を前に、キツネは民話の中からも、実際の世界からも、ぱたりと姿を消してしまうのである。

ごんぎつねと住める地域に

知多半島に、キツネはかつて数多く生息していた。「話はいっぱいあったけど、実際に見たことはない」と間瀬さんが語るように、そう多く目撃されるものでもなかったが、現在の常滑市大谷に生まれ育った澤田さんは、こんな思い出を語ってくれた。

火薬庫（帝国火薬工業）の出来たときの祝いが、私が二年生の時だったと思うけどあってね。その時に帽子を買ってもらって、嬉しくてね。それで、みんなが見に行っただわね。その時に「ここに居ったキツネだけな」そいてね、檻に入れて見せてくれたね。

帝国火薬工業、現在の日油武豊工場は今も、かつて里地里山だったことを彷彿とさせる丘の連なりの中にある。その敷地のすぐ隣に、神社がある。一九二二（大正一一）年建立の「玉福稲荷神社」だ。その由緒書きによれば、当時、工場予定地には野生生物が数多くいたという。工事中、あるキツネの穴に毎朝新しい足跡がついていることが明らかになり、作業員たちが生け捕ろうと煙でいぶした。穴を見に行くと、自分の体で穴をふさいで死んだ親ぎつねと生き残った二匹の子ぎつねがいた。当時の所長は、商売繁盛をもたらすお稲荷さんを信仰していたため、

玉福稲荷（上）と祀られたキツネの親子の像（下）。2014年9月、愛知県武豊町。

二匹を玉と福と名付けて大切に育て、神社を建立して祭ったという。澤田さんが見たキツネは、この二匹だったと思われる。

この話が物語るように、大正時代以降、少しずつ、キツネの生息域は狭められていった。新美南吉は『ごんぎつね』を、「村のおじいさんから聞いた」という設定で、一九三一（昭和六）年に書いている。つまり、「ごん」が生きた時代背景は明治の頃だろう。この頃は、村人にしょっちゅういたずらをするほど、身近なところにキツネが住んでいたと考えられる。しかし、南吉が晩年を迎えるころには、キツネの生息域はずいぶんと奥まった場所になってしまった。一九四三（昭和一八）年に執筆された『狐』では、「鴉根山のほうにゆけば、今でも狐がいるそうだから」と、半田市の中でも中心集落から遠い地名を挙げ、「今でも」という言葉を添えて表現している。

一九五〇年代になると、ジステンパーという犬の病気が流行し、残っていたキツネにも感染して多くの個体が死亡した。また、この頃に使われた殺鼠剤の影響も示唆されている。そして、ついに一九六〇年代、知多半島からキツネは姿を消した。

ところが、それで終わりではないのが、人に目くらましをさせるキツネらしい。

一九九七（平成九）年、ひょっこりと常滑市でキツネが目撃される。以来、知多半島の各地で確認が相次ぎ、二〇一五（平成二七）年現在では繁殖も確認されている。新聞記事の分析に基づくと、二〇〇〇（平成一二）年までに四件、二〇〇一（平成一三）年から二〇〇五（平成一七）年までに六件、二〇〇六（平成一八）年から二〇一〇（平成二二）年までに一三件の確認情報があるという（福田・鷲沢、二〇一三）。

さて、二〇一〇（平成二二）年に名古屋市で開催された生物多様性条約第一〇回締約国会議（COP10）を契機に、知多半島では大学・行政・NPOが集まり、生態系ネットワークを作るための検討会を重ねてきた。その中で、知多半島の自然環境を象徴する生物としてキツネが選定され、行動目標として「ごんぎつねと住める知多半島を創ろう」というキャッチフレーズを定めた。

この会議には私も参加していたが、キャッチフレーズの最初の案は「ごんぎつねの住める……」というものだった。それが「ごんぎつねと住める……」に変わったのは、話し合った結果、次のように考えたからだった。これまで、キツネは地域の人々の暮らしとともに生息してきた。それを踏まえるならば、キツネだけ定着すればいいというのではなく、人とキツネが一緒に住める状態こそが、創生すべき自然環境の姿である、と。

里地里山の自然環境は、人の生活と切り離してとらえることも、守ることもできない。ここまでに見てきた様々な語りの中には、今後、自然環境と人々がどのように付き合っていくのがよいか、たくさんのヒントが含まれている。

4　高度経済成長が里山にもたらしたもの

里山を変化させた三つの原因

ここまで見てきたように、里地里山の歴史は、そのまま人の生活の歴史とも言い換えることができるほど、日常に密着したものだった。ところが、一九五〇年代後半から始まる高度経済成長期を境にして、社会における里地里山の位置づけは根底から変わる。不可分であった人の生活と里地里山のつながりが、ここで絶たれてしまったのだ。こうして、日常の外側へと遠ざけられた里地里山は、次第に存在そのものを減少させてゆくことになる。この節では、この変化とその原因を追うことにしよう。

この時期に里地里山を大きく変えることになった原因を具体的にみると、次に挙げる三つの出来事に集約することができる。一つ目は、化石燃料の急速な普及である。これによって、薪炭林としての里山の存在意義がなくなり、放置されるようになった。二つ目は、農業をめぐる環境の変化である。農業の方法や農村の土地利用あり方が変わり、里地里山は従来のものとは異なる環境となった。そして第三は、都市の膨張である。都市周辺に住宅地や工業団地が広がり、里地里山だった地域が飲み込まれていった。

これらは、一九五〇年代後半以降、時期を若干ずらしながら、地方によっては同時並行に起こり、そして一部は今も進行している。順番に、詳しく見てみよう。

燃料革命が里山を不要にした

繰り返しになるが、風呂を沸かす、台所で煮炊きする、部屋を暖めるといったエネルギー源のほとんどは、人が火を使い始めてからの長い歴史を考えれば、つい最近まで薪あるいは炭であった。里山を持続的に管理しなければ得られなかった燃料である。それが、化石燃料そのものであるガスや、主に化石燃料を燃焼させて得る電気に取って代わられたことは何を意味するのか。いうまでもなく、薪炭林としての里山の、存在意義の喪失である。

製鉄や窯業をはじめとする産業用の燃料は、明治・大正期にはすでに石炭に代わっていたが、一般家庭で使用する燃料は、戦後しばらくまで、まだ薪や炭が使われていた。それが、一九五〇年代から一九六〇年代にかけて、一気にガスへと転換する（図11）。この変化は劇的かつ急速であったため、燃料革命とかエネルギー革命ともいわれる。

農林水産省がまとめた「木材需給表」によれば、一九五五（昭和三〇）年における国内の消費量は、木炭用材（事業用も含む）が一五四八万立方メートル、薪用材（同）では四四五万立方メートルであった。それが、急な崖を転げ落ちるように減少する。消費量の下落が一通り落ち着く一九七五（昭和五〇）年の数字で見ると、木炭用材は六七万立方メートル、薪用材は四六万立方メートルとなっている。一九五五年と比較すると、それぞれ四%、一〇%である。そ

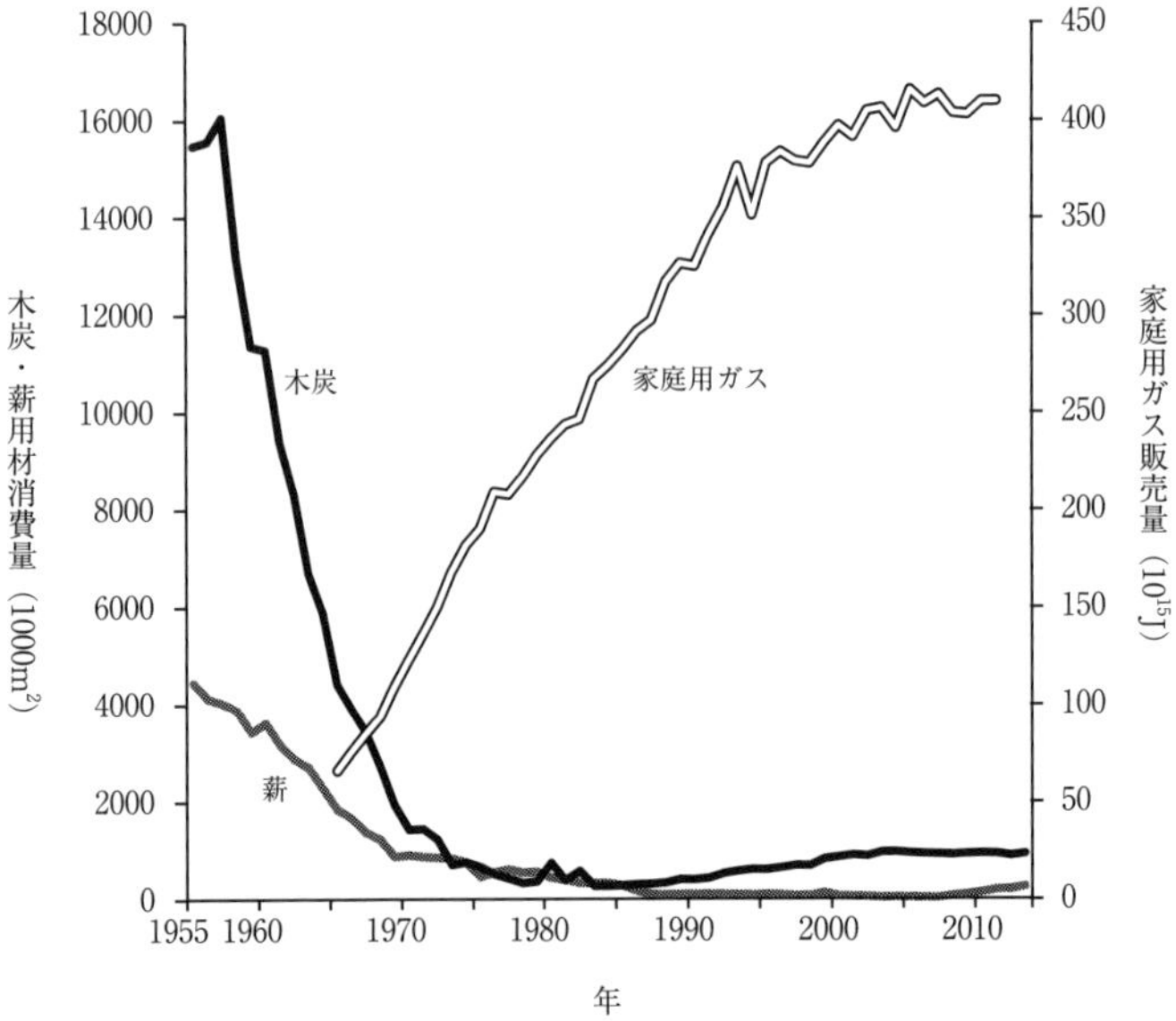

図11　薪炭用材消費量と家庭用ガス販売量の推移。（木材需給表（農林水産省）およびエネルギー白書（エネルギー庁）に基づいて筆者作成）

の後も薪用材の消費量はゆるやかに減少し、二〇〇六年・二〇〇七年には三万立方メートル（一九五五年の〇・七％）にまで減少した。

意外にも、木炭用材の消費量はその後、九〇万立方メートル台まで回復している。これは、燃料以外の木炭の機能、例えば消臭機能や調湿機能といったものが見直され、これらの用途が普及してきたことを示している。しかし、国内で消費される木炭の大部分は中国やマレーシアからの輸入品であって、国内生産量が必ずしも伸びているわけではない。今日、私たちが最も身近に木炭に接する場面としては、バーベキューが思い浮かぶ。しかし、ホームセンターで売られている木炭のほとんどは、こうした外国産のものである。

一方、薪炭の代わりに日常の煮炊きで使用されるようになったガスの販売量（家庭用）をみると、一九六五（昭和四〇）年から二〇一一（平成二三）年までの四六年間で六倍以上に増加している。事業用も含めればより大きな増加率になり、まさに燃料の大転換が行われたことがわかる。

仮に「桃太郎」に登場するおじいさんが、高度経済成長期に生きていたとしたらどうしただろうか。ガス器具が整備された家では、もはや薪炭は使わない。おじいさんは山へ柴刈りに行く意味がなくなってしまった。街へ薪を売りに行こうにも、買い手がいないから、現金収入にならない。仕方なく、おじいさんが手持無沙汰のまま家でテレビを見ていると、川に洗濯に行っていたおばあさんが戻ってきた。「ちょいとおじいさん、テレビなんか見ている場合じゃないですよ」。おばあさんは訴える。「川が汚くなってしまって、もう洗濯ができないんです。水道も電気も引かれたことだし、洗濯機を買ってくださいな」。おじいさんは、テレビのほうを向いたまま、困った顔をした。なにしろ、現金収入が減ったうえに、追い打ちをかけるように光熱費がかかるようになり、家計は火の車だった。おじいさんは、長年慣れ親しんだ山の仕事を放棄して、街へ仕事を探しに行くしかなかった……。

少し冗談めかして書いたが、農林業だけで暮らしてゆくことが難しくなり、現金収入を求めて勤めに出なくてはいけなくなった人たちが、実際に高度経済成長期にはたくさんいた。そして、日常から切り離され、手の入らなくなった里山でも、生物相に深刻な変化が起き始める。

里山を放置することの問題点

経済価値を失い、生活燃料の供給地でもなくなった里山では、伐採や柴刈りなどの管理が行われなくなった。すると、管理によって留められていた植生遷移が進むようになった。自然植生に戻るのならよいではないか、と思うかもしれない。自然植生こそが保全すべき自然であり、使用しなくなった里山には手を入れるべきではない、という意見もある。しかし、これには見落としてはならないいくつかの問題点がある。

第一の問題は、安定した極相林になることで、追いだされてしまう生物たちが多くいるということである。伐採や柴刈りといった適度な攪乱こそが、多種多様な生物が育む素地となっていたことを思い出してほしい。この問題は、特に遷移によって森林のタイプが大きく変わる、コナラ林やアカマツ林の卓越する地域で深刻である。コナラをはじめとした落葉広葉樹林の林床は、冬から早春の間が明るい。したがって、この時期に成長して花を咲かせる低木や林床の草本植物が多くみられる。まばらに生育しているため、光がよく差し込むマツ林でも同じことだ。具体的には、コバノミツバツツジ・カタクリ・キンラン・チゴユリ・ササユリなどである。また、それらの植物に依存する昆虫たちもいる。これらは、常緑樹林化によって行き場を失うことになる。

では、これらの植物は里山が成立する前にはどこにいたのだろうか。すでに述べたように、自然状態でも攪乱はあちこちで恒常的に起こっている。彼らは、こうした場所を移動して歩きながら命脈を保っていた。近年の研究では、カタクリなどこうした生物の一部は、今より寒冷で、現在の照葉樹林地帯にも落葉広葉樹林が生育していた氷期の頃の名残り（こういう種を遺存種という）だと指摘されている。それが、人が焼畑などによって明るい森を増やしたために生き残った（守山『むらの自然をいかす』、一九九七）。

しかし今、断片的にしか残っていない里山の森林が、一斉に照葉樹林に変化したときのことを考えてみよう。自然に攪乱を受ける場所はそのごく一部であり、面積的に非常に小さい。こうした偶然に生じる僅かの場所だけで、かつて一帯に生育した多くの生き物たちを養うことができるとは思えない。また現在、斜面崩壊のような攪乱が起きたら、都市近郊であれば、防災上の観点からすぐさま復旧工事が行われるだろう。その際には、おそらくコンクリートの擁壁が作られるか、人工的な植栽が施される。果たして、自然の成り行きに任せた植生の回復が行われる場所がどれだけ残っているだろうか。

第二の問題は、必ずしも正常な植生遷移の過程を辿るとは限らないという点である。なぜなら、里地里山では、長期間広い範囲で人の手が加わってきたため、周囲に自然植生を回復させるための種子の供給源が見当たらないことも多いからだ。実際に、西日本の里山を歩くと、本来であればシイ・カシ類の優占する森林に移行しなければならない場所であるにもかかわらず、常緑広葉樹ではあるが、本来は優占しないヒサカキやソヨゴといった樹種で覆われた山をよく目にする。将来的にシイ・カシ類が進出してくる可能性はあるが、寄り道した遷移になってしまっている。

さらに深刻なのは、外来生物の侵入である。現在の日本には、本来生育・生息しているはずのない生物が多く野生化している。この中には、意図して持ち込んだものや、偶然に持ち込まれたものもあるが、里山の森林の中にもこうした種が多く入り込んでいる。外来生物は、安定した極相には入り込みにくく、攪乱のある生態系に入り込みやすい。なぜなら、このような場所では新参者でも生存競争に勝てる可能性があるからである。このような点からすると、里山はもともと外来生物の入りやすい素地を持っているといえる。

しかし、高度経済成長期前に里山の外来生物の問題が顕著だったかというと、そのような話はあまり聞かない。これは、まだ里山周囲に人工的環境が少なく、また、外来生物自体もそう多くなかったため、そもそも外来生物が里山に到達しにくかったからだ。また、仮に何らかの外来植物が侵入したとしても、里山の管理の中で不要な種が人為的に除去されていたということもあるだろう。現在は、高度経済成長期前に比べて非常に多くの外来生物が日本に侵入しているから、里山の管理が停止すれば、瞬く間に多くの外来生物が侵入することになる。これも、本来の優占すべき種の進出を妨げてしまい、里山の正常な遷移を妨げる原因となる。

実際に、手の入らなくなった都市近郊の里山には、シュロやトウネズミモチ、ハリエンジュといった、鳥や風が種子を運ぶ外来植物（鳥散布種、風散布種）が多く侵入している。これらは、もともと公園等に植える緑化木などとして持ち込まれたものである。

一般に、外来生物とは明治以降に持ち込まれたもののことを言うが、江戸時代に持ち込まれたもので、日本の里山に深刻な脅威を与えているものがある。中国から渡来し、食用や工芸用として栽培されてきたモウソウチクである。この植物は現在、手の入らなくなった里山を物凄い勢いで覆い尽くそうとしている。

もともと、モウソウチクは里山の片隅で栽培されていた作物だった。これが、里山の管理が行われなくなるとともに手放しになった。すると、隣接する雑木林や放棄された耕地に向かって、旺盛に地下茎を伸長してテリトリーを広げるようになった。モウソウチクの幹の高さは、たいていの雑木より高い。これに侵入された森林には光が差さなくなり、すでに生育している樹木は枯れてしまう。当然、新しい世代も芽生えなくなる。その様子はまさしく侵略者という表現がふさわしい。こうした問題は「竹害」と呼ばれ全国化している。私がフィールドにしている知多半島でも、残念なことに各地で竹に覆われた里山が数多くある。

広大な里山が残っており、そのすべてが、攪乱が適度に起こる完全な自然状態に移行するのであれば問題ない。しかし、断片化し縮小した都市近郊の里山が、無配慮のまま照葉樹林化してゆくことは、以上のような点から問題だ。

農業環境の変化と里地里山

つづいて、農業をめぐる環境の変化について見てゆこう。この変化は、いくつかのものが複

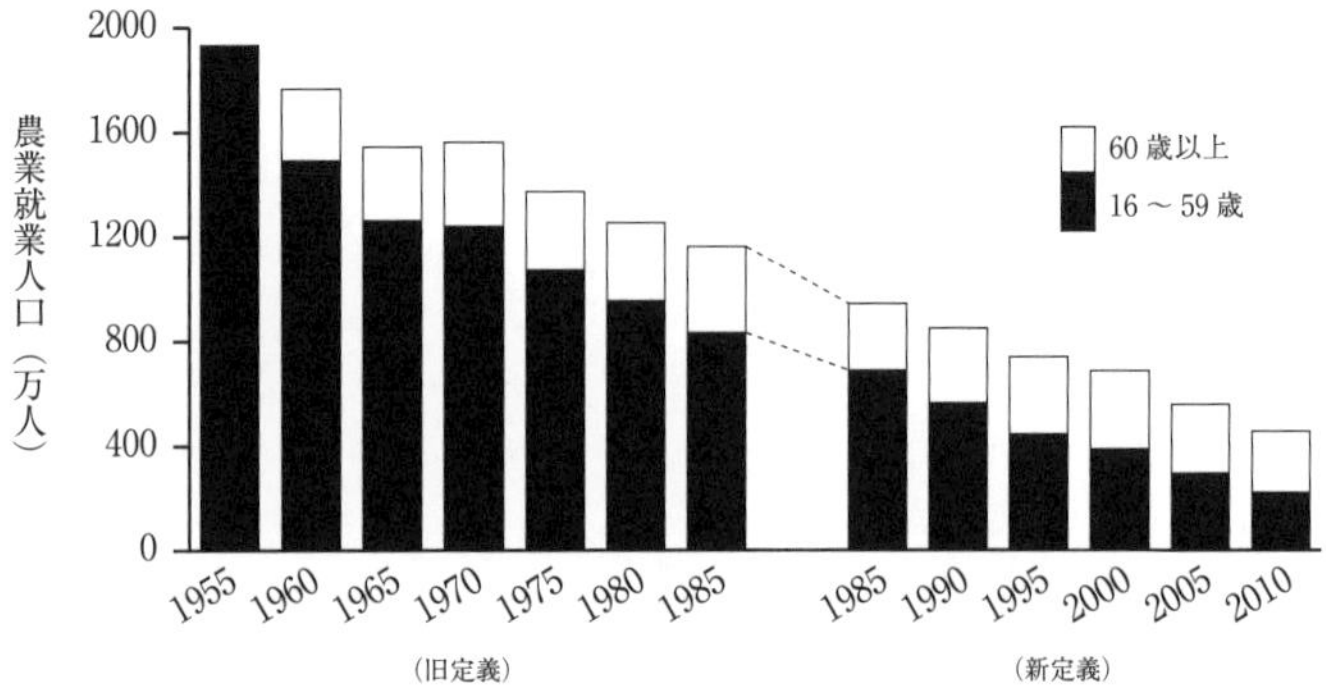

図 12　農業就業人口の変化。（農林業センサス（農林水産省）により筆者作成。1955 年の 60 歳以上のデータはない）

合して進んでいるため、個々に見ていくことにしたい。

まず、農業の衰退に伴う、担い手の減少が挙げられる。農林水産省による農林業センサスのデータによると、一九五五年に一九三〇万人だった農業就業人口は、二〇一〇年にはその四分の一以下の四五〇万人にまで減少している（図12）。かつては日本人の五人に一人以上が農業従事者であったが、今や三〇人に一人といったところだ。これでは、国土の四割を占める広大な里地里山を管理しきることは不可能である。また高齢化の問題もある。二〇一〇年現在、農業就業人口のほぼ半数が六〇歳以上だ。高齢者が多くなれば、体力の必要なことも多い里地里山の手入れはさらに困難になってしまう。農業の担い手がこれだけ減少し、高齢化したのは里地里山の歴史が始まって以来のことだ。

次に、生産方法の変化が挙げられる。かつて、田畑に施す肥料は刈敷や草木灰など、里山由来の有機質材料が盛んに使われていた。ところが、化学肥料が普及すると、それら手間のかかる有機肥料はめったに使用されなくなった。また、トラクター、コンバインといった農業機械の導入によって、労働力としての牛馬の飼育も行われなくなった。つまり、農用林あるいは採草地としての里山は、薪炭林としての里山と同様に、存在意義を失ってしまった。管理されなくなった里山の森林の変化は、前項で述べたとおりだ。

では、放置された草地はどのように変化したのだろうか。ため池の堤防や棚田の土手は、大型のササやクズなどのつる草、外来生物であるセイタカアワダチソウなどに覆われ、藪となるところが増えた。広い採草地はスギ・ヒノキなどが植林される場合もあった。

三重県松阪市の飯高地区という紀伊山地の懐深い山村で聞き取りをしたことがある。林業を主な生業とし、地勢も尾張地方とは大きく異なる場所だ。そのような場所であっても、人が住んで農業が行われていれば里山があった。現在は高い山のてっぺんまで植林されているが、昭和三〇年代以前は、高い山の上は入会の採草地になっていた。村の子どもは、秋になると草を刈り、「おいね台」という背負子でおろして、小遣いをもらった。これは飼料というよりも肥料になったようだ。しかし、化学肥料が入ってくるとその必要もなくなった。すると、共有地を直線的に分割し、個人個人で所有・管理するようになり、植林をしていった。植林地は単一の樹木で構成されているため、里山のような生き物の多様性に乏しい。しかも、木材価格が急落し、その場所の経済的価値も損なわれてしまった。ちなみに、この集落では植林地を伐採した場所を焼き払い、ブンドウと呼ばれる豆を撒いて、収穫してから次の植林を行ったという。焼畑を彷彿とさせるような習俗で興味深いが、やはり現在では行われていない。

生産方法の変化は、ほかにもある。除草剤や殺虫剤といった農薬の使用である。アメリカの生物学者、レイチェル・カーソンは一九六二（昭和三七）年、著書『沈黙の春』で、耕作地に撒かれた化学物質の生物相への影響を訴えた。生き物は死に絶え、春になっても鳥のさえずりが聞こえなくなると警告した。農薬の及ぼす害は、日本も例外ではなかった。戦後、農薬が普及すると、その影響は耕地に広く及んだ。使われ始めたころの農薬は、特に毒性の強いものが多かったという。『沈黙の春』を地で行くようなことが各地で起きた。前項で里地里山の思い出を語ってくださった美浜町のHさんは、このように語った。「ホタルはたくさんいたよ。……除草剤をやる前で、手で草を取っていたころは、ようけおったもんね。除草剤をやるようになってから、少なくなったね」。ホタルだけでなく、トンボや水草、カエルをはじめとする田んぼの生き物たちは、あっという間に少なくなった。

あまり知られてはいないが、深刻な変化を最後に紹介することにしよう。圃場整備のことだ。圃場整備とは、乾田化・水路の暗渠化・用排水の分離・耕地区画の整備（大区画化や整形）・農道の建設といったように、効率のよい生産のできる、高い生産性を持った耕地に水田や畑を作りかえる事業のことをいう。一九六三（昭和三八）年に制度化され、事業は国や都道府県が公共事業として行ってきた。以後、順調に圃場整備は進み、農林水産省の資料によると、二〇一三（平成二五）年現在、三〇アール程度以上の規模に整備された水田は、全国の六三・四％に及ぶ。

先に紹介した語りのように、かつての水田は区画が小さい上に湿田も多く、そこでの農作業は非常に重労働であった。そんな場所で圃場整備が行われ、機械化が進めば労働はずいぶんと楽になっただろう。再び美浜町のHさんの語りを引用すると、「畦を塗らなくてもいいようになったから、楽になったねぇ。三反（およそ三〇アール）一枚の大きな田んぼだから、耕運機も使えるしねぇ」と、恩恵は大きなものだった。しかし、一方で、里地に生きる生物たちにとっては大きな打撃を受けることになった。これは一体、どういうことだろうか。

それまでの里地は、近世の新田開発で作られた棚田や谷戸に代表されるように、地形をはじめとする微妙な土地条件を考慮して、丁寧に開拓が進められてきた結果できあがったものだ。低い谷底には水田を作り、湧水のある場所にはため池をつくり、斜面には棚田を配置し、といった具合である。この手作業の開発を通じて、自然と複雑な土地利用のモザイクが出来上がっていた。

ところが、圃場整備は根本から違う考えに基づいて進められた。重機の力を借り、もともとある土地の条件そのものを改変することで、大区画の圃場をこしらえるのが圃場整備だ。この過程で、地形の成り立ちや細かな起伏は無視される。尾根は削られ、谷は埋め立てられ、そこに新しく大きな圃場が出現する。水田の間にあった小さな森林やため池は、この工事の中で消滅を余儀なくされることになった。

かつて、ある原稿に圃場整備の様子を書く機会があった。「(小さな）ため池は削り取られて」と書いたら、原稿を受け取った方に、「ため池が削り取られるという意味がわからない」と言われた。確かに、一般にため池を廃止する際は埋め立てられるものである。ところが、大規模な圃場整備となると、棚田などに付随する小さなため池群は、まさに丘を切り崩すのと同時に地形ごと削り取られる。何百年の開墾と耕作の歴史を刻んだ丘の地表面そのものが消滅するということである。丘陵地の圃場整備はそれだけ大がかりであって、その様子は実際に見ないと、なかなか想像しにくいだろう。

圃場整備の結果生まれた真四角の水田が並ぶ里地には、「たくさんの異なる環境がコンパクトにまとまっている」というかつての特徴は残っていない。水田そのものは形を変えて残るが、用排水の分離や水路のコンクリート化・暗渠化が行われれば、水路と水田を行き来する魚類にとって大きな痛手となるし、乾田化が行われれば、両生類や湿地性植物の生育の場は消滅する。

圃場整備によって、水田や畑の面積が大きく変化するわけではない。消失する森林の面積も、そう大きなものではないことが多い。したがって土地利用の統計から里地里山の変化を検討しようとするときには、圃場整備の影響が表に現れにくいことがあるから、注意が必要である。現在では、こうした圃場整備済みの農地に対し、一部では魚道を付けるといった生き物への配慮もされるようになったが、同じ農地であってもかつての里地里山とは大きく異なる環境に変化していることは、ぜひ知っておきたい。

このような、様々な農業環境の変化によって、実際に生き物たちはどうなったか。半田市で農業を営むIさんは次のように語っている。

わしらが子供のころにおった虫や、ドジョウとか、フナとか、ハエとか、モロコとか、そういった小魚、(そのようなものは)竹箕ひとつ持っていけばいくらでも捕まったものが、もうドジョウもおらんよフナもおらん、ハエもおらん、モロコもおらん、ねえ、そいでメダカもおらん、タニシもおらん、有脇ではつぼどん、つぼどんそいとった(と言っていた)、田んぼにいくらでもおったものがおらんようになっちゃう。ウナギ、ナマズね、そんなもんでもいっくらでもおったもん。そんなものが今はぜんぜんいない。

ハルリンドウとササユリの受難

ところで、二〇年ほど前に鈴木さんに案内してもらった谷戸は、その後どうなったのだろうか。**図13**に定点観察した写真を掲載した。二〇〇〇(平成一二)年頃までは、谷底の水田は耕作され、土手の手入れもされていたから、ハルリンドウは普通に見ることができた。ところが、二〇〇四(平成一四)年に訪ねてみると、谷戸の手前の部分の耕作が行われなくなり、セイタカアワダチソウなどの大型草本が茂っていた。この時点では、ハルリンドウが生育する奥の方の水田はまだ耕作が行われており、ハルリンドウは確認できた。

しかし二〇〇九(平成二一)年に訪ねたときには、とうとう谷戸全体の耕作がされなくなっていた。かつて水田だった部分はクズが這うように覆い広がり、ちょっと見ただけでは水田だったとは思えない状況だった。二〇一一（平成二三）年に、意を決してかつてのハルリンドウのあった土手へ足へ踏み入れてみることにした。藪をかき分けて、かつて鈴木さんに案内された谷戸の側道を進んでいくと、それ以上とても進めないような大型草本の壁に行く手を阻ま

図 13　武豊町南部における谷戸田耕作停止後の変化。上：2000 年 5 月、中:2005 年 5 月、下:2009 年 8 月。（筆者撮影）

れた。なんとそこが、かつてのハルリンドウの土手であった。探すまでもなく、ハルリンドウは消滅してしまったことがわかった。水田にはすでに人の背丈を越えるほどのハンノキが生育していた。この土手の周囲には、秋に咲くリンドウやオミナエシなど、他にも希少な植物があったのだが、同様に藪に飲み込まれてしまったようだ。

このように、里地里山の管理がされなくなり、生物の生息地が消滅していった事例は他にも知多半島のあちこちで見た。こうした状況を次々に目の当たりにすると、このままでは知多半島からかなりの植物種が消えてなくなってしまうのではないかと、強い焦燥感に駆られるようになった。特にそれを強く感じたのは、ササユリを訪ねて歩いた時だった。

ササユリは、西日本の里山を代表する淡いピンク色の野生のユリである。東日本に分布するヤマユリよりも小型で、咲く時期は六月頃とやや早い。明るい雑木林や草地がその自生地だ。地下には球根があって、それがある程度の大きさになるまで花が咲かない。何年も、雑木林や草原が明るい春の間に一生懸命に光合成を行い、養分を貯めこみ、数年後にやっと花をつける。だから、雑木林や草原が暗くなると、瞬く間に消滅してしまう。

第一章でも紹介した壱町田湿地をめぐるドキュメンタリー『幻の花々とともに』には、近隣の野生生物の生息地を訪ねるルポも含まれている。私が読んで訪ねてみたいと思ったのは、美浜町にあるササユリの一大群生地だった。その様子を少し引用してみる。

半田市大高町の方の
麦畑に収穫に行ったり笹ゆりが沢山見事に
咲いていた大八車の上
よりかゝえる程下さる

1930年代後半のころ、半田市内にもササユリが多く生育している場所があった。麦秋のころには、抱えるほど摘めた。イラスト提供:間瀬時江さん。

段々畑の中ほどに、蓮池と名付けられた小さな池がある。(中略)ササユリは、その蓮池の土手から下の斜面に自生している。赤茶けた土にササクサや蓬草など、山の草々が生い繁り、その中にササユリもまじっている。ここにあるのは白い花ばかりで、三〇メートル幅の斜面に、三、四〇本はあったかもしれない。(中略)すでに咲き終わって色褪せたもの、満開を迎えたもの、これから咲きいでようとする蕾まで、千差万別の賑やかさであった。

このササユリの群生を守っていたのは、地主のおじいさんだった。畑を耕作しながら、自然な形で管理していたと『幻の花々とともに』には記載されている。本の出版が一九九三(平成五)年だから、それ以前の状況だろう。私は例によって鈴木さんにせがみ、連れて行ってもらうことにした。一九九六（平成八）年頃のことだ。池の近くに車が停められ、ノートやらカメラやらを入れたデイパックを背負って外に出ようとしたら、鈴木さんに呼び止められた。「ここはとても貴重なところだで、盗掘者と間違われんように、ザックは置いていった方がいい」。そう真剣に言うので、私は改めてなんと貴重な場所に来たのだろうかと気が引き締まった。

しかし、ササユリがあったという土手にたどり着いてみると、セイタカアワダチソウや背丈ほどもあるササに覆い尽くされていて、見るからにササユリがありそうな環境ではなかった。念のため、鈴木さんと手分けして、ササをかき分けて探してみたが、やはり見つからない。

鈴木さんによると、数年間の間にこの場所について大きな変化があったという。数年前に、この土地を管理していたおじいさんが亡くなった。息子さんが土地を受け継いだが、忙しいのでなかなか管理ができない。だから大きな草が茂るようになり、消えてしまったのだろう、と鈴木さんは言った。

その後、私は知多半島にどれくらいササユリが残っているのか気になり、調べて歩くことにした。すると、自治体史（誌）などの文献記録の中にはたくさんの自生地が書かれていても、実際に訪ねてみると、ほとんど消滅してしまっていることが明らかとなった。壱町田湿地を取り巻く雑木林の中にもササユリは保護されているが、それ以外の半島内で、花の咲くササユリを見たのは、常滑市内の雑木林に二か所あるだけだった。そのほかにも、美浜町で花が咲くに至っていないものをいくつか確認したが、ついに花は確認できなかった。これが、一九九七（平成九）年時点の状況である。

減少した原因を検討してみると、先に書いたような管理停止の問題に加え、阿久比町、美浜町、南知多町などでは圃場整備の影響も大きいと思われた。記録に挙がっている地区の里地里山が、圃場整備によって大きく切り崩されているためである。

図14に、阿久比町西部の圃場整備前後の空中写真を示した。ササユリの生育しそうな森林や棚田の斜面はほとんどが消滅してしまった。

住宅地に飲み込まれた里山

さて、里地里山を変えた第三の原因は、都市域の膨張である。

里地里山の大部分が丘陵地に存在していることはすべて述べた。丘陵地はどのような立地にあったか思い出してほしい。主たる丘陵地は、東京・大阪・名古屋などの大都市が存在する平野の縁辺に存在していた。都市に人口が集積し、外に向かって膨張をはじめると、最初に都市が呑み込むのはこの丘陵地である。丘陵地の地質は柔らかいことが多く、容易に地形の改変を行いやすい。そこで、尾根を削り、谷を埋め、こしらえた平坦な場所に大規模な住宅団地が造成される。住宅団地だけでなく広大な敷地を持つ工業団地が造成されることも多々ある。

多摩丘陵の一角を占める横浜市の青葉区や都筑区は、かつて広大な里地里山が広がっていた。

図 14　阿久比町南西部における圃場整備前（1977 年：上）および圃場整備後（2010 年：下）の空中写真。（国土地理院撮影）

一九六〇年代の空中写真からはその様子がはっきりと読み取れる。それが現在は、港北ニュータウンをはじめとする一面の住宅地に変化している（図15）。地図から土地利用や地形の変化を読み取る練習にちょうど良いと考え、二〇一四（平成二六）年の秋、私は受け持っていた授業の一環として、学生とここを歩くことにした。

区域内には、まだ団地化されていない場所も残っている。圃場整備こそ行われているものの、田や畑などの耕地が残り、雑木林に囲まれた里山らしい谷戸の景観も確認することができた。ところが、ひとたび団地の中に入ると、家また家の景観が広がっている。公園として残された丘陵に登ると、寄せ来る波のように家々が立ち並ぶ景観が見下ろせる。かつてそこに里地里山が広がっていたことは、言われなければわからない。

この団地は、丘陵を切り盛りして作られた人工の地盤の上に立つ。つまり、家が建つのはかつての地表ではない。学生と一緒に開発前の地図と現在の地図を比較したら、もともとの地表から一〇メートル以上切り取られたり、また逆に、埋められたりしたところもあることがわかった（図16）。特に、埋められた場所については、地盤が不安定であるため、地震の際に揺れが増幅したり、崩壊が起こったりしやすく、防災上の問題点もある。

日本の都市近郊には、かつて里地里山だった場所に、知らずに暮らしている人々が数多くいるだろう。そうした場所にこしらえた住宅団地には、防災面を含む様々なリスクがある。こうしたリスクを、かつてあった自然環境と絡めて、もっと知る機会があってもよいだろう。横浜

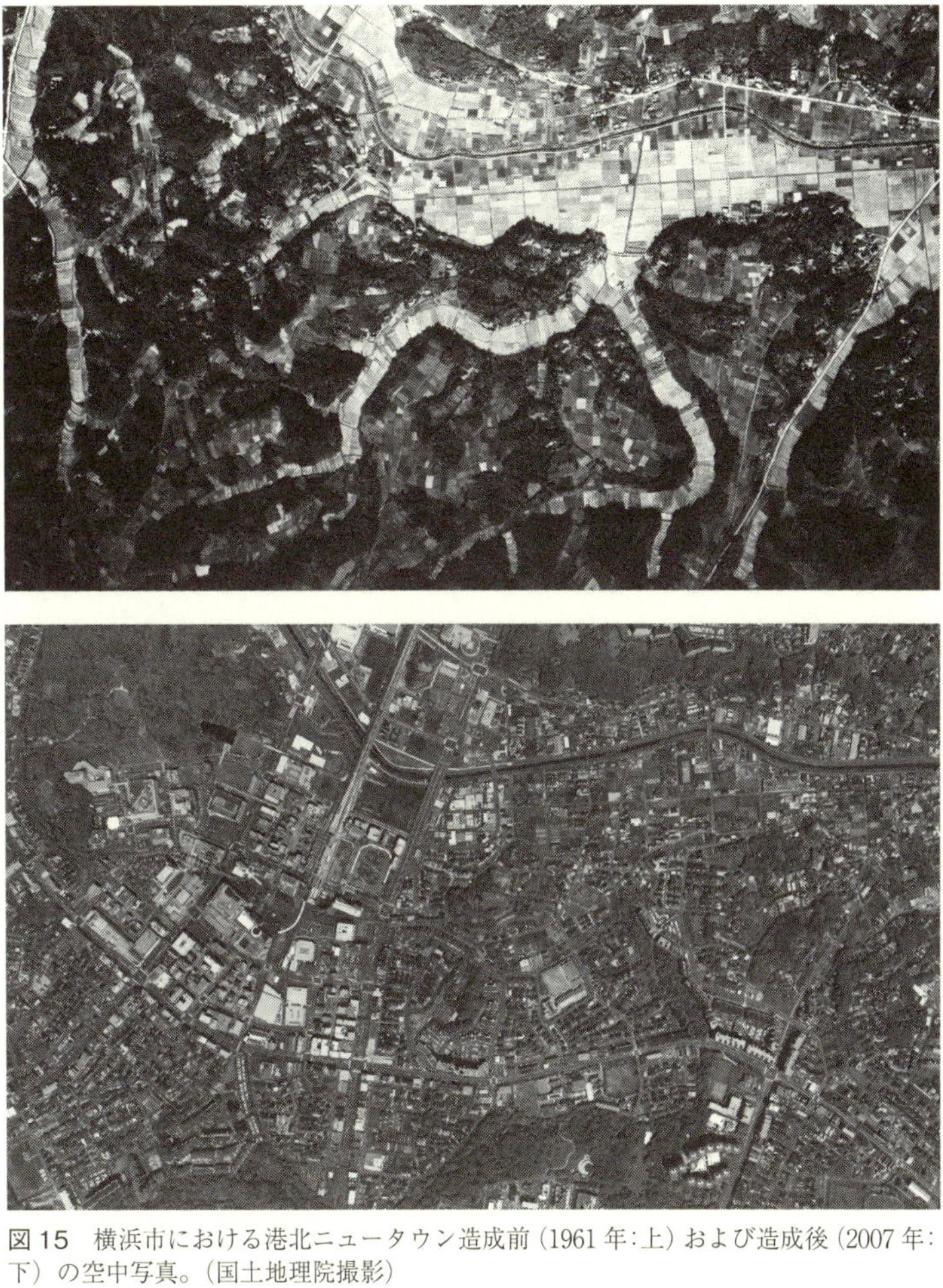

図 15　横浜市における港北ニュータウン造成前（1961 年：上）および造成後（2007 年：下）の空中写真。（国土地理院撮影）

市青葉区や都筑区では、注意深く古い道を選んで歩くと、道端に祠や庚申塔などの石塔類などを見つけることができる。それらは、かつてそこにあった里地里山の暮らしを伝えている。こうした存在を意識して暮らすようになれば、少なくとも心の中では里地里山は受け継がれてゆくし、防災上の点から見てもメリットは大きいように思う。

話をもとに戻そう。里地里山が都市化の波に飲み込まれたことは、また、別の側面から見れば、里地里山の近くに人が多く住むようになったということでもある。断片的ながらでも里地里山が周囲に残されているようであれば、そこを保全・管理する人の手が確保しやすくなったともいえる。つまり、このことを逆手にとって、日常の中に里地里山がまた取り戻せるかもしれない。

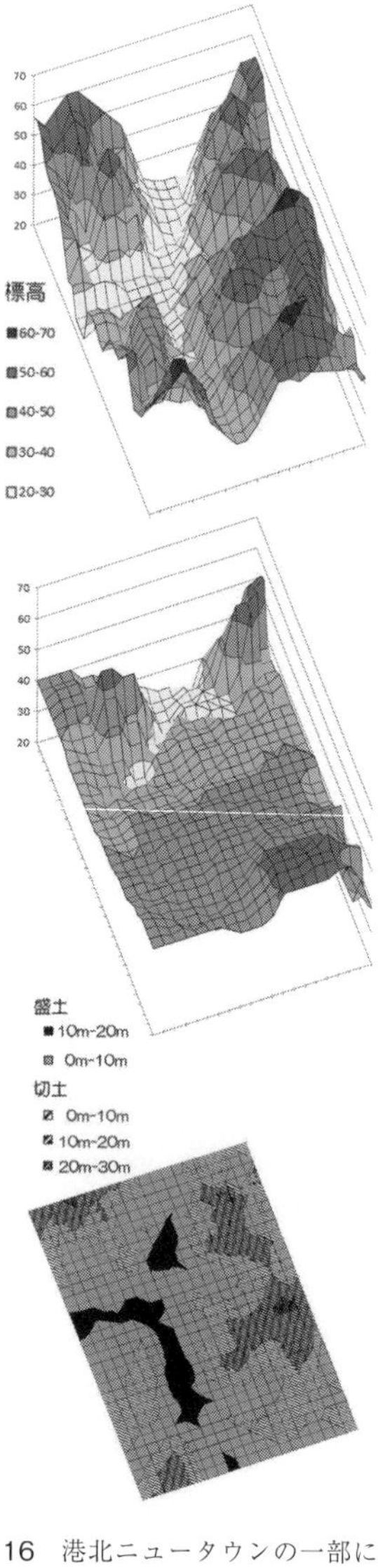

図16　港北ニュータウンの一部における地形改変の様子。（横浜市発行の都市計画基本図より筆者作成）

第三章　里山の異空間・湧水湿地

1　里山の中にある小さな湿地

湿地と里山

湿地というとどんなイメージを抱くだろうか。学生に聞いてみたところ、「ドロドロ」「臭い」「汚い」「暑苦しい」「住みたくない」というようなマイナスのイメージが挙がった一方で、「きれい」「気持ちよい」「涼しい」といった正反対のイメージも挙がった。こうも差があるのは、湿地という言葉で思い浮かべる環境が実に多様だからだろう。うっかり足を踏み入れれば抜け出せないような、密林の中の泥濘地帯のようなものを想像した人がいたかもしれないし、尾瀬が原のような明るい高原の散策路を思い浮かべた人がいたかもしれない。

湿地の保全について取り決めた国際条約「ラムサール条約」によると、湿地（Wetland）は次のように定義されている。「天然のものであるか人工のものであるか、永続的なものであるか一時的なものであるかを問わず、更には水が滞っているか流れているか、淡水であるか汽水であるか鹹水《かんすい》（筆者注：塩水のこと）であるかを問わず、沼沢地、湿原、泥炭地又は水域をいい、低潮時における水深が六メートルを超えない海域を含む」（環境省による日本語訳）。条約の条文特有のわかりにくい言い回しだが、端的に言えば、浅い海を含むありとあらゆる水辺空間が湿地と見做せるということだ。

雑木林の中にぽっかりと形成された湧水湿地（壱町田湿地）。箱庭のような空間だ。
2007年7月、愛知県武豊町。

この本のテーマである里地里山に着目すると、少なくとも水田・ため池・用水路は湿地だ。これらは水草や淡水魚、水生昆虫たちの重要な生育の場であり、時には大きな河川や湖と繋がって地域全体の大きな生態系の大切な一部を構成するということは、前章で述べたとおりだ。

しかし、里山の湿地はそればかりではない。「湧水湿地」というものがある。

湧水湿地という言葉を初めて聞いた方が多いかも知れない。実は、湿地の生き物を研究する人たちも多く所属する、生態学の学会でこの言葉を使っても、「湧水湿地ってどんな湿地ですか？」と聞かれることのほうが多い。学問の世界でも、まだまだ知られていない言葉であり、十分に研究の進んでいない生態系なのだ。しかし、ほとんど世に知られていないからといって、取るに足らない環境なのかと言うと、そんなことはない。私は湧水湿地の研究をしているから、多少のひいきき目があるかもしれないが、西日本の丘陵地を代表する、重要な湿地である。だから、そこを代表する生態系である里地里山の保全を検討する上で、その存在を無視することはできない。

湧水湿地は、第一章で紹介した壱町田湿地や東高根湿地のように、丘陵の雑木林の中にぽっかりと空いた、木のあまり生えない場所として出現する。一部は湿地林といって森林が成立するタイプもあるが、たいていはこじんまりとした箱庭のような空間だ。そこに、ハッチョウトンボやヒメタイコウチといった水棲昆虫、また、シラタマホシクサやシデコブシといった植物がひしめくように生育している。

湧水湿地の四季

まず、あまり馴染みのない湿地の様子を知ってもらうために、私がフィールドにしている東海地方の湧水湿地の四季を紹介しよう。

東海地方の湧水湿地の春は、ハルリンドウとショウジョウバカマに始まる。これらの花が咲きはじめる三月半ばは、雑木林はまだ芽吹かない。北から吹き付ける季節風もまだ冷たく、湿地内は枯色一色である。そこに、青色のハルリンドウと、紅色のショウジョウバカマが咲き始めると、不思議なことに、それだけで一気に明るい印象になる。雑木林の低木として生育しているヒサカキがびっしりと小さな花を咲かせるのもこの頃で、少し変わった香りが隣接する湿地内にも漂ってくる。岐阜県東濃地方や長野県下伊那地方に行けば、背の高いハナノキの赤い花も咲いているかもしれない。この花は、遠くからでもよく目立つ春のシンボルである。

湿地内に足を踏み入れるには、長靴が必要だ。砂利が地面を覆う丘陵斜面の湿地ではスニーカーで歩けないこともない。しかし、泥の深い場所もある谷底の湿地では、うっかりはまると大変なことになる。私は、歩きやすさと持ち運びやすさから、工事現場用の足袋長靴というゴム素材でできた足袋を愛用している。安全靴仕様で、つま先部分に金属が入っているから、うっかり石にぶつけたところで痛くない。春の花が咲くこの時期は、湿地調査シーズンの始まりでもある。私は湿地内の地形を調べるため、測量して歩くことが多い。樹木や草が茂らず見通しのきくこの時期が、この調査の勝負時だ。

シデコブシ。この年は特に花数の多い年だった。2011年4月、愛知県名古屋市。

ハルリンドウやショウジョウバカマを追いかけるように咲くのが、シデコブシだ。東海地方にしか分布しないこの低木は、その美しさもあって、東海地方では湧水湿地のシンボル的な存在として扱われる。一般のコブシより花弁が多く、その様子が神社に行くとみられる紙垂《しで》に見立てられた。次第に暖かくなってくる三月の終わりから四月初め、シデコブシを見学する自然観察ツアーが各地で催される。ちょうど桜が咲く時期でもある。シデコブシが枝いっぱいに花を咲かせた様子は、遠目には桜と見間違われることがある。

シデコブシが終わると、湿地内は次第に緑が濃くなる。最初、枯草の間に遠慮がちに顔をのぞかせていた若草は、あっという間に我が物顔に湿地内を濃い緑で染め上げてゆく。この湧水湿地を覆う緑の大部分は、ヌマガヤというイネ科の多年生草本だ。東海地方のほとんどの湧水湿地で優占し、最終的には高さ一メートルを超えるほどになる。湧水湿地の中でも有機物が多く堆積しているような、湿地の縁辺に多い。一方で、湿地中心部のほとんど基盤がむき出しになっているような場所には、ヌマガヤは少なく、代わりに中から小型のイヌノハナヒゲの仲間がよくみられる。ほかにも、水が特に豊富な場所ではホシクサの仲間といったように、同じ湿地の中でも微妙な条件の違いによって植物たちは住み分けている。

春遅くから梅雨にかけて、月で言えば五月終わりから七月はじめは、湧水湿地の花はあまり目立たない。それでも、場所によってはカキランの踊るようなオレンジ色の花や、ノハナショウブの涼しげな青紫色の花、トキソウのピンク色の花がみられる。いずれも濃い緑によく映える花色である。イシモチソウ・モウセンゴケ・トウカイコモウセンゴケといったモウセンゴケ科の食虫植物が、その生態に似合わず可愛らしい花をつけるのもこの頃だ。

梅雨が明け、ニイニイゼミがシーシーと鳴くようになると、湧水湿地は花のピークを迎える。

夏の湿地を彩るミミカキグサの群生。2014年7月、愛知県武豊町（壱町田湿地）。

ほかの植物がほとんど生育しない、礫がゴロゴロしている裸地のような場所には、目を凝らすと小さなミミカキグサの仲間がたくさん咲いている。黄色いミミカキグサ、明るい青色のホザキノミミカキグサ、青紫のムラサキミミカキグサ、そして自生地は限られるが、ピンクのヒメミミカキグサ。ビーズ細工のようなカラフルな花が、湿地の所々を彩る。モウセンゴケの仲間はまだ咲いているものが多いし、湿地によってはサギソウの花が一面に咲いていることもある。小さなひまわりのようなミズギク、青いサワギキョウ、濃いオレンジのコオニユリなど、花の名前を挙げればきりがない。花の間では、小さなハッチョウトンボが飛び交う。

湧水湿地の中は蒸し風呂の中のように暑い。狭い湿地は、周囲の森林によって風が遮られるうえに、地表面から蒸発する水蒸気で満たされている。そのうえ、シャアシャアという蝉しぐれがシャワーのように降り注ぎ、聴覚からも暑さを催すことがあるのではないかと錯覚する。

夏に湿地の調査を行う際は、十分に休憩を入れて水分補給を行わないと、フラフラになってしまう。

日が短くなってくると、第一章で紹介したように、白っぽい花が増える。イワショウブ、サワシロギク、ミズギボウシなどである。もちろん、シラタマホシクサもいくつかの湿地で一面を覆うように咲く。一部の湿地では、ミカワシオガマという濃い赤色の花が咲き、シラタマホシクサと入り混じって紅白の競演をなすところもある。地味ではあるが、忘れてはならないのが、湿地に優占するヌマガヤやイヌノハナヒゲ類の花である。ヌマガヤは、八月も終わりになると細かいススキの穂のような花を一斉に咲かせ、湿地全体にもやがかかったように見える。イヌノハナヒゲも同じ時期、その名前の由来となったヒゲのような茶色い花を咲かせる。

シラタマホシクサをはじめとしたこれらの花の見ごろは、一〇月くらいで終わる。ヘビノボラズの赤い実がよく目立つようになると、その後は、ゆく秋を名残惜しむように、ホソバリンドウやスイランの花が咲く。これらの花が咲くころには、あれだけ勢いのよかったヌマガヤやイヌノハナヒゲなどの葉も茶色くなり、湿地は一気に冬籠りのムードが漂い始める。

湿地の一年を締めくくるのは、ウメバチソウである。知多半島では、たいてい一一月の文化の日のあたりに咲き始める。枯れた草の中から丸いつぼみがぷっくりと持ち上がり、小春日和の陽だまりの中に、白い花がぽつりぽつりと咲く。この花は、一般には高山植物として知られていて、南アルプスのお花畑では八月の半ばには咲いている。その開花前線が、湧水湿地のある低地まで下りてくるのに、三月以上かかるというわけだ。

ウメバチソウが終わると、湧水湿地は本格的な冬籠りのシーズンを迎える。温暖な地方であるから、雪に覆われることはめったにない。とはいえ、生きた草の色に乏しい湿地は、見るからに寒そうである。そんな中でも、枯草をかき分けてみると、ハルリンドウが春を待つように冬芽で耐えているのが見つかり、なんだか嬉しくなる。

大地のかすり傷

丘陵地の斜面では、大雨などによって、小さな地滑りのような崩壊が頻繁に起こる。前章で紹介したように、こうした場所にはいち早くパイオニア植物が進出し、植生遷移のプロセスを経てもとの森林へと戻っていく。ところが、崩れた場所にじくじくと地下水が滲み出したらどうなるだろうか。斜面の傾斜や地質にもよるが、湧水は地表面を広がりながら流れ下り、一帯はじめじめとした水浸しの空間となる。これが湧水湿地だ。水分過剰に加え、水はたいてい非常に貧栄養であるし、流失してしまって土壌の堆積もままならないから、普通の植物は育つことができない。進出するのは、湿潤で貧栄養な環境にも耐えられる、特別な植物たちである。これらは、一般に湿地植物と呼ばれる。

湧水湿地が成立するのは、丘陵斜面ばかりではない。先に、谷戸の谷頭には湧水があると書いたが、このような小さな谷の奥まった場所や、粗い土砂が堆積する台地の縁の部分（崖線《がいせん》という）も、地中に浸透した水が湧き出しやすい場所だ。このような場所に、うまく水が地表面を拡散するような地形があれば、湧水湿地となりうる。どのような地形の場所に、どういう仕組みで湧水湿地ができるのか、という問題は、湧水湿地の生態を知るうえで最も基本となる事柄で、実際にはもう少し細かい説明が必要だ。ただし、ここではテーマの本筋から少し外れるので深入りせずに、話を続けよう。

ここまで説明したように、湧水湿地ができるには、まず貧栄養の湧き水（浸みだし水）があることと、それが拡散する地形が必要である。極論すれば、この二つの条件さえあればよい。また逆に言うと、どちらかでも欠ければ、湧水湿地は成立しないし、成立している湧水湿地に何らかの変化が起こり、どちらかが失われれば、たちまち消滅してしまう。何が言いたいのかというと、湧水湿地はかなり柔軟に形成されうるが、一方で非常にデリケートな存在でもあるということだ。実は、このことは湧水湿地と里地里山との関わりを考える上でとても大切である。

まず、柔軟に形成されうるという特徴を考えてみたい。すでに書いたように、湧水湿地は普通、谷頭や崖線、丘陵斜面の崩壊地などに成立する。谷頭や崖線は、ある程度の区間を区切ってみれば、定常的な地形だからさておくとして、丘陵斜面の崩壊地については、どこに発生するかはまったくランダムである。崩壊地に相応しい地形と湧水があれば、直ちに湧水湿地ができあがる。もし、植生が貧弱で、常に崩壊が起こりやすい場所であるとしたら、湧水湿地の形成頻度は上がるだろう。さらに言えば、切り通しや土手のように人が斜面を削ったような場所や、耕作放棄地のような場所も、湧水と相応しい地形があれば、やはり湧水湿地になる。実際に、愛知県では、愛知用水造成時の切り通し斜面に、湧水湿地が成立しているし、後から紹介する矢並湿地は、水田の耕作放棄地と、堰堤築造後の土砂堆積地に成立したものである。このような点から、里地里山は特に湧水湿地が形成されやすい場所だと考えられる。

植物分類学の植田邦彦さんは『里山の自然をまもる』（一九九三）の中で、里山の中に湧水湿地が存在することについて紹介しているが、「低湿地（引用者注：湧水湿地のこと）は自然そのものであり、人が作り出したものでも影響を与えて今ある姿になったものでもなく、その意味では里山ではない」と述べている。しかし、以上の理由から私は、少し違った視点で湧水湿地を見る。「湧水湿地は、人が作り出したり影響を与えて今ある姿になったものも多く、まさしく里山の一部である」と。

さて、湧水湿地がデリケートな存在であることについても検討を加えておこう。湧水湿地には、水の流れに従って絶えず上流（あるいは斜面上部）から土砂が流入している。上流で地表面が安定するなどの原因で、これが止まったらどうなるか。湿地内を流れ下る水量は変わらないとすると、水路周辺の土砂は流れ去る一方となり、溝ができ、次第に深くなる。そうすると、もはや地表面に水が行き渡らなくなり、湿地としての環境は損なわれてしまう。湧水が減少したり枯渇した場合は言うまでもない。このように、湧水湿地は条件によっては非常に短命であり、きちんと統計をとった研究はこれまでにないが、数十年から数百年程度で消滅することが多いとも言われる。しかし、ひとつの湧水湿地が消えるまでの間に、近隣に別の湿地が形成され、恐らくは地域全体として湿地の数が保たれていた。このメカニズムは、前章で紹介した、里山成立以前の里山植物の生育地とまったく同じである。

こうしてみると、湧水湿地は大地に生じたかすり傷のようなものだといえる。かすり傷はすぐに治ってしまうが、やんちゃ坊主は傷が絶えない。かならず手足のどこかを擦り剥いて怪我をしている。しかし、このことは、このやんちゃ坊主（地域の自然環境）が活発で元気に遊んでいることを示しているのである。傷のなくなったやんちゃ坊主は、どこか具合が悪いのかもしれない。

湧水湿地と泥炭地

日本では、湿地というと、尾瀬が原や釧路湿原のようないわゆる「高原や冷涼地の湿原」が有名である。だから、湧水湿地もそうした環境のミニチュア版だ、と誤解されがちだ。しかし、湧水湿地は同じ湿地といっても、こうした湿地とは大きく異なる環境である。そこで、どのように違うのかここでまとめておこう。

まず、でき方が大きく違う。湧水湿地は、前項で説明したとおり、丘陵斜面の崩壊地や谷底で、湧水が地表面を広がりながら流れ下ることによって、ただちに形成される。しかし、「高原や冷涼地の湿原」は、浅い湖であったり、河川の氾濫原であったり、ある程度の湛水があるところに、長い時間をかけて形成される。中には、ブランケット泥炭地と言って、濃い霧などで常に地面が濡れているだけの場所を出発点とするものもある。これなどは、湧水湿地と地表の条件がよく似ているが、実は、根本的な違いがある。泥炭《でいたん》堆積の有無である。

泥炭というのは、枯れた植物が腐らずに堆積したものである。掘り出すと、茶色い繊維質のかたまりで、手に持つとスポンジのようにふわふわしている。土じゃないの？　と思うかもしれないが、泥炭の多く堆積する北海道では、これを燃やして燃料にしていたことからもわかるように、れっきとした有機物である。ブランケット泥炭地を含め、「高原や冷涼地の湿原」にはこれが分厚く堆積している。時には一〇メートル近く堆積していることもあって、当然、砂利などの無機質の土壌（鉱質土壌という）は見えない。こうした場所を泥炭地といい、そこに成立した草本植生は泥炭湿原と呼ぶ。

なぜ、泥炭が堆積するのかといえば、植物遺体が腐らないからである。湛水した場所は水の中であり、酸素がないために微生物の働きが抑えられる。ブランケット泥炭地の植物遺体は空気に触れているが、緯度の高い特に寒冷な場所に多く、やはり微生物の働きが抑えられる。こうした場所では、年に一ミリメートル程度というごくゆっくりとした速度ではあるが、次第に泥炭は厚みを増してゆく。このように、泥炭湿原は数千年という長い年月をかけて現在の姿に至っている。

ところが、湧水湿地には泥炭はほとんど存在しない。丘陵斜面に成立した湿地にはまずなく、長期間存在していると推測される谷底・崖線の湿地には、湛水するような特に湿潤な場所に堆積を見ることはあるが、せいぜい数十センチ程度である。基本的には、湧水湿地には鉱質土壌が地表面に露出していると考えていい。このことから私は、湧水湿地に成立する草本植生を、鉱質土壌湿原と呼んで、泥炭湿原と区別している。

なぜ湧水湿地に泥炭が堆積しないのだろうか。理由は大きく三つある。一つ目は、その形成上の特徴から、湧水湿地ではほとんど湛水が見られないからである。したがって、湿地内で生じた植物遺体は空気に触れ、すぐに分解してしまう。二つ目は、湧水湿地の存続期間が短いからである。仮に泥炭が堆積するような条件が整ったとしても、十分に堆積する前に消滅してしまう。三つ目は、湧水湿地の形成されている場所は概して温暖であり、微生物の働きが特に活発だからである。三つ目については、理由と言うよりも結果論である。もし、湧水湿地と同じ条件が寒冷な場所で形成されたのであれば、ブランケット泥炭地に近いものになるだろう。

以上を踏まえて、里地里山に泥炭地ではなく湧水湿地が多い理由を考えてみよう。

ひとつは、里地里山は、せいぜい標高八〇〇メートル程度までしか存在しない。したがって、泥炭の堆積しにくい温暖な場所が多いということが挙げられる。ところが、意外なようではあるが、温暖な関東平野や濃尾平野の氾濫原の下を掘ってみると、泥炭層が見つかることがある。それはかつて、こうした場所に泥炭地があったことの証拠だ。つまり、気候が温暖であっても、十分な湛水条件があればまったく泥炭が堆積しないわけではない。したがって、標高が低いことだけでは、十分な理由にならない。

福井県敦賀市にある中池見湿地は、このような温暖な低所にある泥炭地である。多雪地帯という泥炭堆積にとって多少条件の良い場所ではあるが、標高は五〇メートルほどしかない。かつては湿地林や沼沢地といった環境だったことが花粉分析から推測されているが、江戸時代の新田開発によってすべて水田化した。しかし近年、自然再生が行われ、珍しい里山の中の泥炭地タイプの湿地となっている。しかし、水田化以前の状態が再生されている中池見湿地のような事例は、稀だ。多くは、水田化されたまま、さらに圃場整備の影響も受けて、完全に環境を変えてしまった泥炭地のほうが圧倒的に多い。また別の場所に再生することもないとは言えないが、泥炭地であれば非常に長い時間がかかる。ところが、湧水湿地の場合は、仮に造成されてしまっても、里地里山の環境がしっかり残っているならば、ちょっとした斜面崩壊などであっという間に別の場所に湿地が形成される。これが、里地里山に湧水湿地が多いもう一つの理由だろう。

湧水湿地とマツ林・はげ山

環境庁（当時）は一九九五年、日本における湿地保全の基礎資料を得るために、全国で多様な種類からなる二一九六の湿地をピックアップした。このうち、湧水湿地とされたものを抜き

図17　日本における湧水湿地の分布。同一市町村に複数の湧水湿地がある場合は、まとめて1つの点とした。（環境庁（1995）のデータに基づいて筆者作成）

出し、市町村単位で点を落としたものが図17だ。この資料には、先に述べたような特徴（地表面を湧水が薄く流下する、泥炭がほとんど存在しない）に照らし合わせて、湧水湿地であるかどうか疑わしいものも含まれているし、確認されている湧水湿地のごく一部が挙げられているにすぎないが、全体的な分布傾向は見て取れる。

　分布図をみると、湧水湿地の分布の中心は西日本にあり、特に愛知・岐阜・静岡などの東海地方、滋賀・兵庫などの近畿地方、岡山・広島などの瀬戸内地方に集中していることがわかる。

　このような分布を示す背景としては、まず、その土地の地盤ができあった歴史や、その結果としての地質が挙げられる。たとえば、これらの地域の丘陵地の多くは、鮮新世（およそ五〇〇万年前から二五八万年前）から更新世（二五八万年前〜一万年前）にかけて、周囲の山々から浅い海や湖に流入した土砂でできた地層で構成されている。この地層（大阪層群・古琵琶湖層群・東海層群など）は、砂や礫のような粗い土砂と、シルトや粘土のような細かい土砂が、交互にサンドイッチのように積み重なっている。粘土の部分は、前章で紹介したように焼き物産業で利用されたが、地質的には粒子が緻密なので水がしみこまない性質を持つ。こうした地層では、この層が底（不透水層という）になって地下水が溜まり、それが浸食や崩壊で破れたところから湧水が生じるような構造になっている。

こうした鮮新統（鮮新世に堆積した地層）・更新統（更新世に堆積した地層）の周辺は、さらに古い時代に形成された花崗岩が分布する。花崗岩は、風化によってボロボロになりやすい。二〇一四（平成二六）年の夏に、広島県で大規模な土砂災害が発生したが、この場所は花崗岩地帯であった。ボロボロになった花崗岩はちょっとしたことで崩壊を起こしやすく、愛知県でも四七・七災害という同様の大災害が起こったことがある。しかし、花崗岩はある程度の深さまで風化していたとしても、深い部分は風化せず新鮮なままである。すると、やはりその部分が底になって地下水が溜まり、同様に湧水が生じやすい。

ところで、湧水湿地の形成や分布の説明として、これまでは、ここまでに説明したような自然科学的な要因ばかりが挙げられていた。ところが私は、里山が成立させ、維持してきた人の働きも、湧水湿地の形成に一役買っているのではないかと考えている。アカマツ林やはげ山の分布（図18）を見ると、湧水湿地の分布とよく一致している。これは、何を意味しているのだろうか。

湧水湿地の集中して分布する東海・近畿・瀬戸内の各地方は、前章で見たように歴史的に人口が集中した地域であった。近畿地方では都が建設され、東海地方では窯業が、瀬戸内地方で

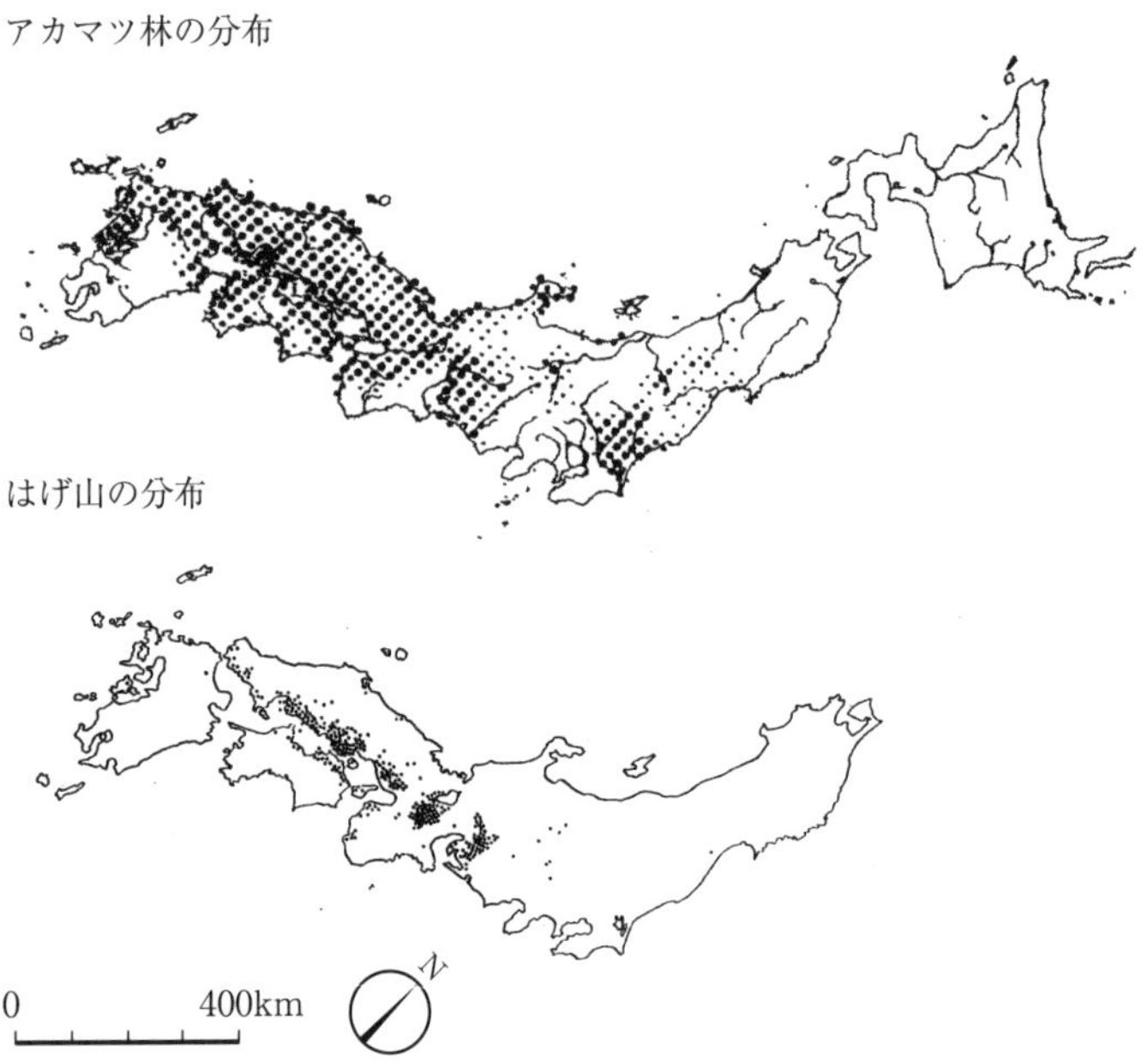

図18　アカマツ林とはげ山の分布。（伊藤・川里（1978）および千葉（1991）の向きと縮尺を筆者で改変）

は製鉄業が集積した。日常の薪炭採取と、都市建設用または産業用の森林収奪は、里山の森林を痩せたアカマツ林に変化させ、部分的にははげ山となった。日本三大はげ山地帯は、すべてこの地域に含まれる。

荒廃した林地に多くの雨が降った場合、雨滴が直接地表を叩き、その後、地表または浅い地表面を水が大量に流下するようになる。この水の挙動は、時に土砂災害を呼び起こすが、裏返せば、崩壊が多数発生して湧水湿地が形成されやすくなったともいえる。また、地盤が安定していないため湿地内には次々と土砂が供給され続けるし、樹木によって水が吸い上げられないため、湿地に流入

現在の愛知県豊田市内に存在したはげ山。1906年に撮影。（愛知県提供）

する水の量も増えたかもしれない。こうした土砂による攪乱や豊富な水の供給は、形成された湿地の延命につながった。さらには、湿地の中やその周辺では、里山作業の一環として柴刈りや採草が行われていた。これらの作業は、湿地の植生遷移が抑えることになり、湿地植生が長く持続するのを手助けした。

このように、東海・近畿・瀬戸内の各地方では、中世から近代にかけての長期間、特に湧水湿地が形成されやすく存続しやすい環境が持続したのではないかと推察できる。もしかするとこの期間は、自然状態に比べて爆発的に湧水湿地の数が増えたのかもしれない。その名残が、現在の湧水湿地の集中地帯を形成しているとは考えられないだろうか。

湧水湿地の特殊な植物

湧水湿地に生育する生き物たちの世界を、少しだけ見ておくことにしよう。

湧水湿地は養分に乏しい。そこで、昆虫やプランクトンなどの微生物を捕え、その栄養分（特に窒素分）を得るように進化したものが進出する。粘液のついた幾本もの毛を葉に生やし、それで虫を絡めとるのはモウセンゴケの仲間だ。その様子から「とりもち式」と呼ばれる。また、水中に袋のついた茎を伸ばし、泳いでくるミジンコなどを吸い込んで閉じ込めるのは、タヌキモやミミカキグサの仲間だ。こちらは「吸い込み式」と呼ばれる。食虫植物というと、サラセニアやウツボカズラのような、葉の変化した壺のような器官に虫を誘い込む「落とし穴式」のものが知られるが、日本の湧水湿地にこのような食虫植物は生育していない。

すでに述べたように、湧水湿地は一般の陸生の植物にとっては侵入しにくい環境だ。つまり、水が多かったり、養分が乏しかったりといった居心地の悪ささえ我慢できれば、競争相手の少ない別天地ともいえる。そこで、湧水湿地には、かつては周囲にたくさん自生していたかもしれないが、環境の変化によって追い詰められ、湿地の中で辛うじて生き残ったという履歴をもつ植物がいくつも見られる。このような生物種は、先にも紹介したが、遺存種《いぞんしゅ》と呼ばれる。

先に紹介したウメバチソウもその一つだし、イワショウブやサワギキョウも本来はもっと冷涼な場所に生育する植物だ。ミカワシオガマ・ミカワバイケイソウは、それぞれやはり冷涼地に生育するシオガマギク・コバイケイソウの変種で、氷期の終焉とともに逃げ込んだ先の湧水湿地で独自に進化を遂げたものといえる。

東海地方の湧水湿地の植物相を調査すると、他の地方ではほとんど見られないか、全く見られない植物が多く見つかる。上に挙げた「ミカワ（三河）」の名を持つミカワシオガマ・ミカワバイケイソウをはじめ、数え上げるとシデコブシ・ハナノキ・シラタマホシクサ・ヘビノボラズなど十数種にのぼる。こうした植物たちは、いずれも湿地の密度が多い東海地方で、湿地に逃げ込んだり、その環境に適応したりして生き残った、地域の環境史の生き証人である。植物分類学の立場から植田邦彦さんは、こうした植物たちまとめて、東海丘陵要素植物と呼んだ（植田、一九八九）。湧水湿地には、このような特殊な経歴を持つ植物たちがひしめきあっている場所だ。その特殊性から、高山のお花畑に匹敵するような保全上の重要性が極めて高い場所だといえる。

こうした植物たちについて、まだまだ分からないことは多い。たとえば、彼らがどのように湧水湿地の間を渡り歩いているのかについては、研究途上だ。植物の種子散布を担う媒体には様々なものがある。水、風、生物など様々な媒体のうち、湧水湿地の植物たちがどれに頼っているのかについては今後の研究に委ねられている。経験的にみて、湿地をヌタ場として活用するイノシシが一役買っているのではないかとする説もある。また、シデコブシやヘビノボラズのように、鳥が運んでいると推測されるものもある。だとすれば、湧水湿地の植物たちは、湿地の外の生き物たちと密な繋がりを持っていなければ、命脈を保つことはできない。

ここまで紹介したように、湧水湿地は里山の中にある湿地である。つまり、湧水湿地の植物たちを守ってきた外の生き物の中には、当然、人も含まれている。周囲に暮らす人が、どのように湧水湿地やそこに暮らす生き物と関わってきたのか、私がこれまでに行った、いくつかの研究に基づいて紹介をしたい。

2　記憶の中のシラタマホシクサ

湧水湿地のシンボル

湧水湿地一面に生育したシラタマホシクサが、さざ波立つように一斉に白い花を咲かせる様は、誰しもを虜にする。東海地方の植物相を詳しく調査した井波一雄さんは、論文「シラタマホシクサの分布について」（一九五六）の冒頭で、次のように述べている。「その湿原における群落の見事な美しさはちよつとたとえようもないもので九月中旬から一〇月にかけてその野生地は遠望、まるで白いレースをなびかせたようで広大な一望の湿地がこの小花でかすんだようにうまつてしまうところがある」。現在公開されている湧水湿地の秋の来訪者は、たいていこの花が目当てである。第一章で紹介した壱町田湿地では毎年、この花の咲く九月の公開日が最も来訪者が多くなる。シラタマホシクサは、見た人々の心の深いところに浸み込んで、容易には忘れられない野の花である。

だから、「湧水湿地を知っていますか？」と尋ねられてきょとんとする方であっても、シラタマホシクサの写真を見てもらい、「こんな花が咲いていた場所を知っていますか？」と聞けば、東海地方の丘陵地に長く暮らした経験があれば、「ああ！　そういえば見たことがある」と答えてくださることがある。そういう意味で、シラタマホシクサは湧水湿地のマスコットキャラクターのようなものだ。シンボルとさえいえるかもしれない。この節では、このシラタマホシクサを通じて、変化する社会が、湧水湿地とその環境にどのような影響を与えたのかを概観することにしたい。

ここで、シラタマホシクサという植物について改めて紹介しよう。

学名を ***Eriocaulon Nudicuspe*** という、ホシクサ科ホシクサ属の一年生草本だ。葉は細長いが、せいぜい二〇センチメートルほど。八月の終わりに伸びてくる花茎は長さ二〇センチメートルから四〇センチメートルほどで、一株につき一本から五本を数える。この花茎の断面は四角く、こよりのようにねじれている。だから、一つ摘んで、根元の方から花の方に指でしごいてやると、くるくると花が回転する。名前の由来となった頭花は球形で直径は六から八ミリメートルほどになる。白く見えるのは、全体に白色の短い毛が生えているからだ。一株だけ見れば、せいぜい膝丈くらいの小さな植物だ。しかし、それが何百と群がると、景観を幻想的にするだけの力を発揮する。

湿地の中での分布をよく観察すると、特に湿潤で明るい場所、例えば開けた流路の近くによく生育している。種子散布の方法はまだはっきりと明らかにされていないが、水流によって流されたり、もしかすると動物や昆虫が体に付着させて運ぶのかもしれない。一年生草本だから、次の年に種子が芽生えるかどうかが繁栄のカギを握る。条件さえ合えばあっという間に湿地はシラタマホシクサでいっぱいになるし、逆に、条件が悪くなると瞬く間に消滅してしまう。また、シラタマホシクサの生育する湿地は、経験的に言って、他の湿地植物も豊富だ。その中には、希少な種も含まれている。こうした意味で、湧水湿地のシンボルというだけでなく、健全度を図るバロメータともいえる。

二〇一二（平成二四）年に公開された環境省の第四次レッドリストをみると、シラタマホシクサは絶滅危惧Ⅱ類に位置づけられている。つまり、「絶滅の危険が増大している種」という意味だ。その理由は大きく二つある。第一には、後に述べるように近年、湧水湿地の減少が著しいことが挙げられる。この環境がなくては、シラタマホシクサは生きていけない。そしてもう一つの理由は、分布域が限られていることが挙げられる。この植物は、前節で紹介した東海丘陵要素植物のひとつである。知られている分布域は、愛知県（尾張地方・三河地方）を中心として、岐阜県南東部（東濃地方）、静岡県西部（遠州地方）、三重県北部（北勢地方）だけだ。仮にこれらの地域から消滅すれば、永久にこの世でシラタマホシクサを見ることはできなくなる。因果なことに、これらの地域は、名古屋近郊にあたり、開発圧の特に強い地域である。この理由から、シラタマホシクサに限らず、湧水湿地の植物たちは軒並み絶滅の危険性に晒されている。

シラタマホシクサを追って

現在、全国に湧水湿地はどれくらいあるのだろうか。この答えは、実は誰も知らない。余りに数が多いのと、小さすぎるのとで、調査が大変に難しいからだ。しかし、保全のための基礎資料がないことは大変問題である。そこで、数年前から、東海地方の各地域で長年湿地を研究・観察されてきた方と一緒に、まずは東海地方の湧水湿地の目録作りを始めている。しかし、この本の執筆時点ではまだはっきりと掴めてはいない。大まかな推測を書くと、何をもって湧水湿地とするかによって異なってくるが、少なくとも一〇〇〇はあるようである。湧水湿地の数がわからないから、シラタマホシクサの自生地はどれほどあるのか、という点も現時点でははっきりしない。愛知県が取りまとめた『レッドデータブックあいち２００９』には、「現在のところはまだあちこちに生育しており、個体数も多い」と記されているように、ある程度の自生地がまだ残されているようではある。地域によっては絶滅寸前の場所もあるかもしれないが、トータルとしては、少なく見積もっても一〇〇箇所はあるのではないだろうか。

ところが、「かつてはこんな程度ではない。もっとあった」「雑草のように生えていた」という声を聞く。では、昔はどれほどの自生地があったのだろう。そして、どんな理由で減っていったのだろう。それを解き明かすためには、まず、過去の自生地がどこにあったのかを知らなければならない。

愛知教育大学生物学教室には、愛知県版レッドリストの検討に使用された、県内の植物の押し葉標本が数多く残されている。その中にはシラタマホシクサも含まれている。こうした標本のラベルには、普通、「誰が、いつ、どこで採集したか」という情報が記されている。そこで、豊橋市自然史博物館の学芸員をされていた藤原直子さんと私は、生物学教室を主宰されていた芹沢俊介先生にお願いをして標本を見せていただき、そのラベルに書かれた情報に基づいて、自生地の追跡調査を行うことにした。

標本を調べたところ、採集場所の追跡調査が可能な産地は四七地点だった。標本の採集年は、一九八三（昭和五八）年から一九九六（平成八）年に及んでいたが、ほとんど（四四地点）が一九八八（昭和六三）年から一九九三（平成五）年の六年間に集中的に採集されたものだった。つまり一九九〇（平成二）年前後に、少なくともそれだけの数の湿地が愛知県内にあって、シラタマホシクサが生えていたことがわかる。

私たちが、産地情報に基づいて現地を踏査したのは、二〇〇四（平成一六）年と二〇〇五（平成一七）年だった。頭花がはっきりと確認できる秋から初冬にかけて、手分けして標本産地を一か所ずつしらみつぶしに訪ね、今も生育しているかどうかを調べていった。調査を終えてみると、四七地点中三一地点ではシラタマホシクサの自生が確認できた。しかし、残る一六地点ではシラタマホシクサを見つけることはできなかった。たまたま確認できなかった場所もあるかもしれないが、単純計算で、およそ一五年の間に三四％の自生地が失われてしまった、ということがわかった。失われた自生地の中には、湿地もろとも開発のため破壊されてしまったと考えられるものもあったし、湿地があったと思われる痕跡はあったが、湧水が枯渇して環境が大きく変わってしまった場所もあった。ちなみに、残存していた湿地については、二〇〇九（平成二一）年にも再度追跡調査を行い、さらに今後も継続的に観察を続ける予定をしている。

ところで、この減少率三六％という数字は、「どこにでもあった」と言われる過去を知る方の表現からすると、感覚的に小さすぎるような気がした。調査ができたのは、一九九〇年以降の動向である。それまでにすでに相当数の湧水湿地が消滅してたのではないか、と考えられた。

一九九〇年より過去の自生地を知るにはどうしたらいいのだろうか。最も確実なのは、より古い標本を探して、その産地を確認することである。しかし、時代が古くなればなるほど、標本の数は限定されてくるし、地域もまばらになる。これでは、統計的な意味を持たない。その上、かつては細かい位置情報にあまり頓着がなかったようで、標本があっても追跡調査のできる場合はかなり限られる。たとえば京都大学の標本庫には、一九〇四（明治三七）年に採集されたシラタマホシクサの標本が保管されているが、産地情報は「Toutoumi」とだけある。つまり、静岡県の遠州地方で採取された、という大雑把なことしかわからない。遠州地方には当時あまたの湧水湿地があったはずである。これでは、特定の「鈴木さん」や「佐藤さん」を、浜松市に住んでいるという手がかりだけで探すようなものだ。

標本が無理となると、次善の策は文献である。証拠標本がなくても、植物の専門家が書き記した自生地の記録はある程度の信憑性がある。しかし、先に紹介した井波一雄さんの「シラタマホシクサの分布について」が、限られた既知の自生地から全体の分布域を推定するような方法をとっているように、ランダムな記録はあっても、広い地域を網羅し、かつ、追跡調査できるような形で記録した文献は見当たらない。

こうなると、頼みの綱は人の記憶である。地域に暮らす人々は、日常的にシラタマホシクサを見ていたはずである。むろん人の記憶の曖昧さや不正確さには十分な注意が必要だ。必ずしも植物の専門家に聞くわけではないし、記録目的で観察したわけでもない。見誤りもあるだろうし、古い記憶であれば、確認した場所や時期も曖昧になっているかもしれない。けれども、その点、シラタマホシクサは有利である。秋に湿地一面に咲く白い球形の植物といえば、他に間違えそうなものは少ないし、よく目につくから記憶に鮮烈に残る。そして、人に聞くメリットは、ついでに湧水湿地と暮らしとの関わりについても聞ける点である。私は、こうした視点から名古屋市東部を事例に、聞き取りからシラタマホシクサのかつての分布の再現を試みてみることにした。

語られたシラタマホシクサ

シラタマホシクサの咲く湿地の情景を絶賛した植物研究家の井波一雄さんは、この植物と人との関わりにも触れている。先出の「シラタマホシクサの分布について」には、「名古屋では挿花用として花戸に陳べ、菊人形の材ともし又小児のカンザシ遊びとして古くより土人（引用者注：地域住民の意味）によく識られた」とある。現在では、このような利用はもはや聞くことはないが、「土人によく識られた」という記述に勇気づけられて、かつてシラタマホシクサがたくさん生育していたと言われる名古屋市東部で、お話を伺える方を探すことにした。

名古屋市東部（ここでは千種区・名東区・天白区・緑区をこう呼ぶことにする）は、尾張丘陵が濃尾平野に収斂する手前の、なだらかな丘陵が連なる地域である。もともとは、猪高村、天白村、鳴海町などと呼ばれた農村地帯であったが、順次名古屋市に合併してゆき、大いに宅地開発が行われて現在は人口密集地となっている。愛知県の統計資料に基づいて、一九五一（昭和二六）年から二〇〇二（平成一四）年のおよそ五〇年間の変化を見ると、民有地面積に占める山林の八九％、水田の九八％が消滅している。つまり、ここにあった里地里山は、ほとんどがなくなってしまった。

私が確認した中で、この地域で最も古い、確実なシラタマホシクサ自生地の記録は、京都大学博物館に所蔵されている、一八八三（明治一六）年一〇月に採集された「Tashiro, Owari」の産地表記のある標本である。現在の千種区田代町（東山公園付近）と考えられる。同博物館には、一九四一（昭和一六）年と一九五三（昭和二八）年にも同じ地域で採集された標本があり、この地域は古くから研究者の間で湿地植物の自生地として知られていたようである。先の一九五六（昭和三一）年の井波さんの論文には、天白及び猪高に産するという情報があり、それぞれ現在の天白区内、名東区内に自生地があったようだが、詳細はわからない。一九七〇年代から九〇年代にかけても、複数の論文や報告書がこの地域の湿地植生を報告している。そこからも何か所かのシラタマホシクサの自生地を伺い知ることができるが、全体を網羅したものではないから、個々の消長はわからない。

先に紹介した愛知教育大学が所蔵していた標本資料から判断すると、一九八九（平成元）年から一九九三（平成五）年にかけて、この範囲に少なくとも四か所の自生地があった。しかし、二〇〇〇（平成一二）年に起こった東海豪雨による土砂流入で天白渓という場所にあった一か所が消滅し、調査を行った二〇〇三（平成一五）年には、島田緑地・滝ノ水緑地・ほか一か所の三か所のみとなっていた。

ここまで調べたところで、いよいよシラタマホシクサ自生地の情報の聞き取りだ。地域に長く住んでいる方などを、湿地や緑地を保全している方々から紹介していただき、およそ二〇名の方からお話を伺うことができた。お話を伺った方の年齢層は、当時四〇代から七〇代であるから、聞き取りのできた時代はほぼ昭和以降である。聞き取りには、シラタマホシクサの写真と大きく引き伸ばした地図を持参した。「こんな植物をご覧になったことはありませんか？もしあれば、その場所を地図で示してください」とお願いした。

聞き取りの結果を統合すると、確認した年代が一九四〇年代から一九七〇年代にまたがる合計三二地点の自生地情報が得られた（図19）。先に述べたように、二〇〇三年現在自生が確認

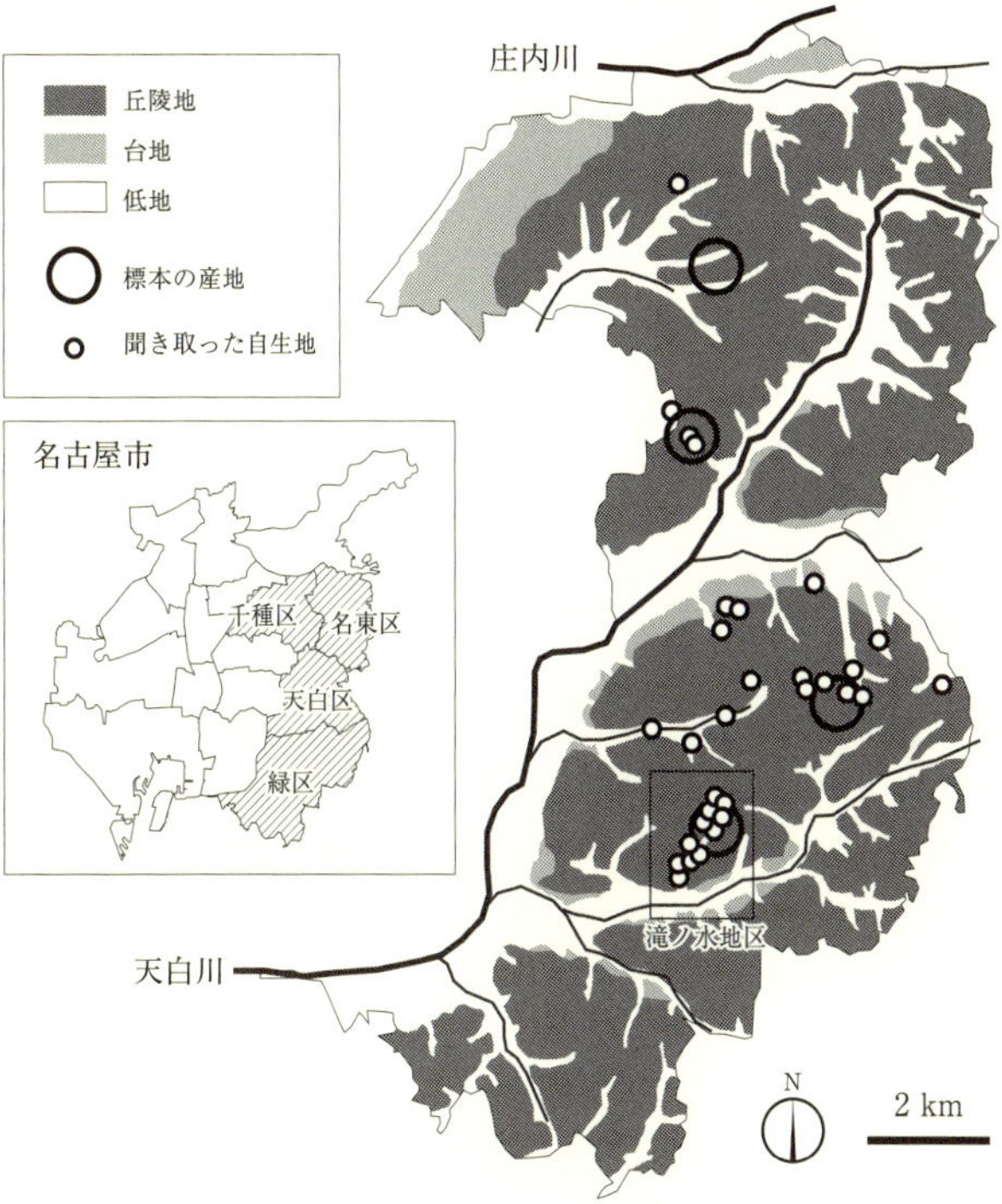

図19　名古屋市東部で聞き取ったシラタマホシクサ自生地。（筆者作成）

できたのは三地点であるから、単純計算で減少率九四%ということになる。お話を伺った方の居住地には偏りがあって、名古屋市東部の自生地の情報をまんべんなく聞き取れたわけではない。把握できなかった地域が相当あったことを考えると、過去六〇年ほどの間に消滅した自生地は、さらに多かったものと考えられる。

聞き取りを行ったのは、都心に近接した住宅地という、都市化の影響を最も受けた場所である。このことを考慮すると、減少率九四%という数字は、シラタマホシクサ自生地全体の消長を示す数字としては過大かもしれない。しかしこの期間に、地域の人なら大抵が見たことのあるありふれた草から、保護された場所に行かないと見られない特別な草に変化したことは、確実である。

聞き取りの過程では、自生地を見たときのエピソードを伺うことができた。一つ一つが、シラタマホシクサ自生地である湧水湿地と人々の関わりの一面をとらえており、大変に興味深かった。けれども残念なことに、膨大になるのでここですべてを紹介しきることができない。そこで、最も綿密に自生地の変化の状況を聞き取ることのできた、緑区滝ノ水地区に絞って紹介をすることにしたい。ここは、滝ノ水湿地群と呼んでよいほど、一つの谷戸の中にたくさんの湿地が確認された場所であった。

里山の暮らしと湧水湿地

名古屋市緑区の滝ノ水地区は、名古屋港に注ぐ天白川流域の丘陵地だ。現在はほぼ全体が住宅団地となり、その面影を想像するのは難しいが、一九七〇年代までここは大きな開発から免れていた。地区の中央には南北に細長く開けた谷戸が存在し、その中を、滝ノ水川という小さな河川が水田を潤しながら流れていた。そして、背後の丘陵地にはアカマツの森林が広がっていた。典型的な尾張地方の里地里山の景観が、そこにあった。

ひとつだけ他にはない特徴を挙げるとすれば、地名の由来にもなった小さな滝が存在したことだろう。滝ノ水川の西は急な崖になっていて、そこから井戸のポンプで水を汲むくらいの水が流れ落ちていた。そして、この滝の周囲を含め、谷戸のあちらこちらに豊富な湧き水が確認されており、そのいくつかは湧水湿地を形成していた。

かつて、滝の水地区の谷戸は「サワ」と呼ばれていた。このサワの田んぼを耕しに来ていたのは、隣接する相原郷という集落の農家だった。なぜなら一九六〇（昭和三五）年頃まで、滝ノ水地区には家屋はほとんどなく、サワの入り口近くにわずかに数戸が固まっていただけだったからだ。そのうちの一軒であるKさんは、自宅のすぐ脇を流れる滝ノ水川で子どものオムツを洗っていた。一九五八（昭和三三）年頃の話である。

滝ノ水のサワはまた、相原郷の子どもたちの遊び場でもあった。子供たちは、田んぼでツボ（タニシ）をとって遊んだ。サワの支流には小さなため池がいくつもあって、子供たちはそこで泳いだ。ため池には山からの湧き水が流入しているため、非常に冷たかった。底が見えるほど透明度の高かった池には、センペラ（イタセンパラ）という魚が泳いでいた。

山は恐かった。奥に入ると迷子になるような、深い山だった。山に入るときは、声をかけながら歩いたほどだ。先のKさんによると、タクシーで鳴海駅（当時、滝ノ水地区の最寄りだった名鉄名古屋本線の駅）から帰るとき、運転手が心配して「この先に人家があるのですか？」と聞いたほどだという。そこは、生活の燃料を得る里山だった。相原郷では一九五五年にガスが通ったが、それまでは山にタキモン（薪）を採取しに行く生活であった。一九五〇（昭和二五）年頃までは、山の所有者であれば伐採して薪にすることもあった。一面のマツ林で、林床にはヤマツツジが密度濃く生育していた。春になると、それが燃えるように咲いた。また、ヤマユリ（ササユリ）も多く生育しており、切花にして飾る人もいた。キツネも生息していた。相原郷のHさんの家では、飼っていたニワトリがキツネに襲われそうになった。雪の日の朝、点々とついている足跡をみて、父親が「ゆんべ来たな！」とつぶやいたのを覚えている。

山は、薪炭採取以外にも様々な利用があった。ツツジが終わると、ワラビとりの季節がやってくる。秋にはキノコ狩りが行われ、多種多様なキノコが採れた。また、太平洋戦争の頃まで、地元消防団のレクリエーションの一環として「おいまち」と呼ばれる行事が行われていた。ウサギ狩りをするピクニックのようなものだったという。

そのころ、シラタマホシクサは谷沿いの水回のあちこちで見られた。田んぼやため池の周囲の各所で見られ、コンペイトウと呼んでいた。女の子はその花で、腕輪を作ったという。シラタマホシクサのあった湿地にはサギソウも咲いており、田んぼの土手にはキキョウやオミナエシも見られた。

一九六〇（昭和三五）年頃までに確認したと聞いた、具体的な場所がおよそ特定できるシラタマホシクサ自生地周辺の様子を、聞き取った表現のまま以下に列挙してみよう。番号は図20と対応している。

1．現在の滝ノ水中学校の周辺にあった滝で見た。滝の下にシラタマホシクサの自生地があった。

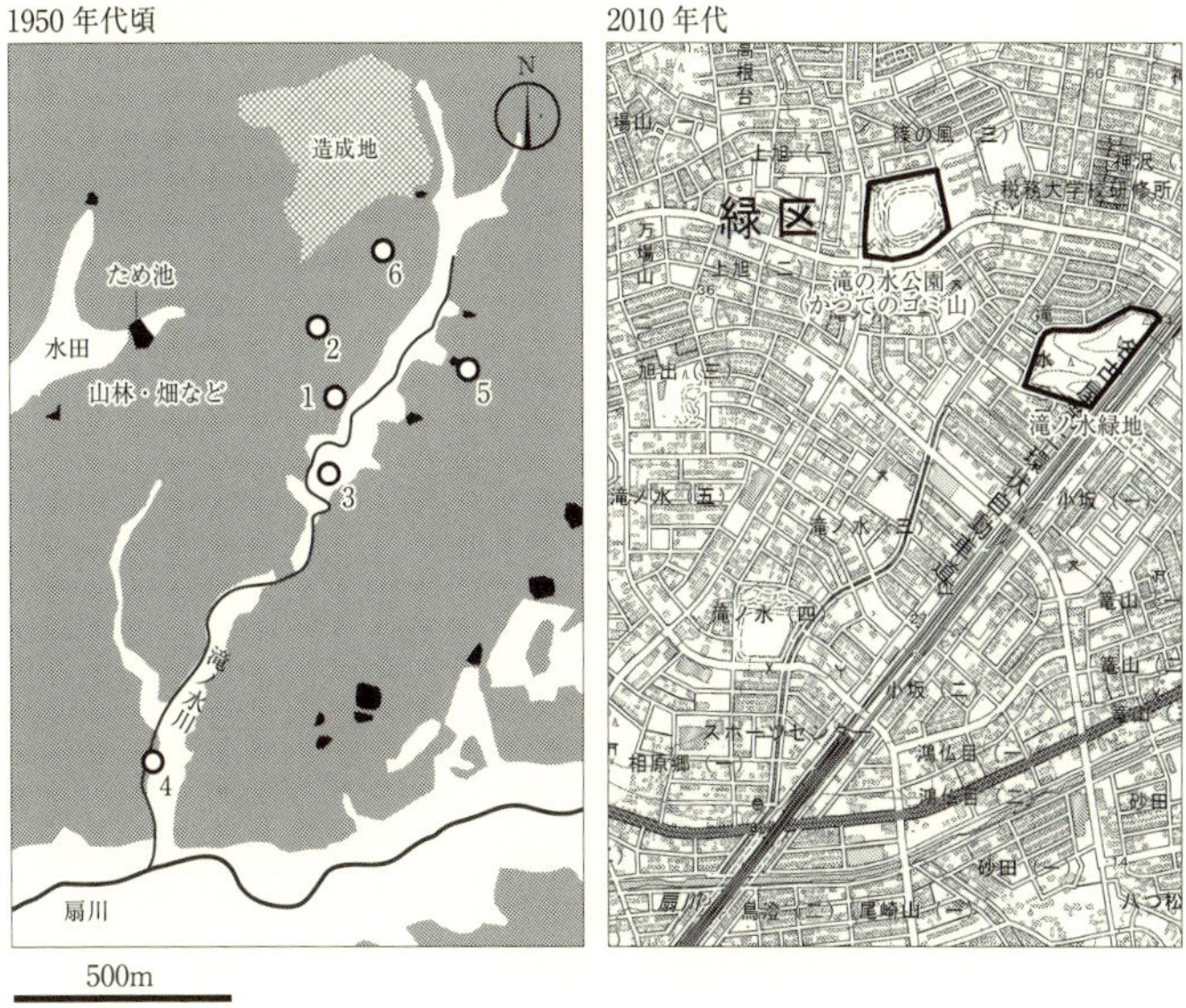

図20　名古屋市滝ノ水地区の1950年頃のシラタマホシクサ自生地の分布。(1950年頃の土地利用は名古屋市都市計画基本図に基づき筆者作成。2010年代は国土地理院「電子国土基本図(地図情報)」(2015年4月取得)を筆者が一部加工して作成)

滝の水は飲むことができた。

2. 現在の上朝日出公園の周辺で見た。当時、この辺りに土地を所有していたが、その敷地内に三～四畳くらいの池があった。池には清水が流入し、夏でも冷たかったので、スイカを冷やしに行ったこともある。池の周囲は木の生えない原っぱで、そこにシラタマホシクサが生育していた。

3. 当時、耕作していた水田のそばで見た。シラタマホシクサはさまざまな場所にあったけれど、一番密に自生していたのがこの場所。五メートル四方ほどの範囲が、砂利を敷き詰めたような湿地帯になっており、シラタマホシクサは一掴みにしてむしれるほどの量が生育していた。

4. 一九四五（昭和二〇）年ころ、滝ノ水の家へ使いに行く途中、川の東にシラタマホシクサが群生しているのを見たことがある。

5. 現在の滝ノ水緑地の池にあった。（ここは現在も湿地が残されている）

6. 一九五〇（昭和二五）年ころ、山の上に五〇〇〇坪くらいはある湿地があって、そこに自生しているのを見た。

高度成長期前まで、滝ノ水地区の丘陵と谷戸は、人々の生活の一部そのものだった。田んぼの耕作、池や山での遊び、薪などの資源調達といった人の多様な利用が見られ、そうした生活の中で、シラタマホシクサはごく普通に目撃されてきた。もちろん聞き取りという手段によって明らかにした自生地だから当然ではあるが、把握できたシラタマホシクサの生育地の多くは、人の関与によって成立した水田やため池のそばにあった。

滝ノ水のその後

太平洋戦争の前後に、滝ノ水の自然環境はいくつかの変化を経験する。

里山では、防空壕の坑木用材として、あるいは燃料材として過剰な伐採が行われた。それ以後、かつて見られた松の大木を見なくなった。それが原因かどうかは不明だが、一九五〇年代の半ばあたりから、滝ノ水地区ではそれまで見なかったキジが見られるようになった。キジは開けたところを好む鳥である。また、一九四〇年代後半から、隣接する地区で山林を開拓してのブドウ栽培が行われるようになった。しかし、これらの変化はその後起こることに比べれば軽微だった。

決定的に滝ノ水地区の景観を変えたのは、一九五九（昭和三四）年九月の伊勢湾台風だった。全半壊家屋一五万棟という甚大な被害のあった名古屋市内各所から集められた瓦礫は、滝ノ水川の最上流部にあたる丘陵（現在の滝ノ水公園）に集められた。当時、滝ノ水地区は名古屋市街のすぐ外側にある人口希薄地で、このような瓦礫を受け入れざるを得ない地理条件だった。同じ理由でかつては火葬場もあった。瓦礫置き場は、もともと窪地だったが、積み上げられた廃物によって山になってしまった。そして、当時は木造家屋が多かったせいだろう、瓦礫は自然発火して煙が出ることがあった。地元ではこれを「鳴海温泉」と呼んだ。周辺ではハエが異常発生し、真っ黒になったほどだった。

雨が降ると、これらの瓦礫からにじみ出た汚濁物質が水に溶け出し、滝ノ水の谷に流れ込んだ。豊かだった水田の一部は耕作不能となってしまった。しかし、思わぬ変化が現れる。放棄水田が自然に戻り、そこにシラタマホシクサが新しく生育を始めたというのである。この場所では、他にもハルリンドウ・ショウジョウバカマ・サギソウなどが見られた。湧水湿地は、このように柔軟な一面もあるということが、このことからよくわかる。

一九七〇（昭和四五）年の八月、滝ノ水地区の北に位置するほら貝地区に住んでいた高校生のTさんは、思い立って友人と竜ノ水周辺の山林を歩いた。「凄いところだ！」と植物好きの友人は言った。友人から聞いて、たくさんの湿地植物や食虫植物がそこに生育していることを知ったTさんは、以来、度々この界隈を歩くようになった。そうした折に、シラタマホシクサをあちこちで目撃した。

たとえば、ある尾根から下った場所にはちょっとした水たまりがあり、その周りにシラタマホシクサがあった。そこから尾根を越えた斜面や、別の池の上流、先に書いた伊勢湾台風の「ゴミ山」の近くなどにもあった。人のめったに入らなくなった滝ノ水の谷戸や森林で、シラタマホシクサは、どっこい生き残っていたのである。

当時の森林にはマツ・ヒサカキ・シャシャンボ・イヌツゲ・ヤマツツジなどが繁っており、谷沿いにはコナラの大木もあった。一九五〇（昭和二五）年前後の証言にあるような、背の低いマツとヤマツツジというような貧相なものではなく、また、ヒサカキのような常緑広葉樹もあることから、山林に入手が入らなくなり遷移が進んだことを伺い知ることができる。

土地区画整理事業による滝ノ水地区での団地造成が始まったのは、一九七七（昭和五二）年頃であった。「それまでは、夏でもエアコンがいらないくらい涼しかった。涼しい風が（滝ノ水の）山から吹いていたからね。お客さんが来ても『クーラーなんていらないね』と話していたものだ。開発が始まると、トラックや重機が唸りを上げて、グォー！　バサバサッ！　ともすごい音がしていると思ったら、朝見た山が（夕方には）なくなっている。これが次から次へ（と起こった）」。ある住民は、その頃の様子をこう語る。造成は北から始まった。やってきた重機は山を削り谷を埋め、一九八〇（昭和五五）年頃には地区内のすべての土地が均された。開発が終わると、それまでの谷戸の景観はすべて失われていた。もはや、地名の由来となった滝もない。辛うじて緑地として保護された一か所（滝ノ水緑地）を除いて、湧水湿地もすべて消滅した。唯一残されたこの湿地には、現在、近隣の住民からなる保護グループが集い、保全活動を行っている。

心の中の自生地

聞き取りを終えて、感じたことがある。シラタマホシクサの自生地を記憶に刻むことは、心の中に新しい自生地を設けることではないか、と。

こうしている間にも、まるでモップで拭い去るようにして、地図の上から一つ、また一つとシラタマホシクサの自生地は消えている可能性がある。しかし、その場所に生育していたという記憶は、それを知る人々の心の中にずっと残る。心の中に生育するシラタマホシクサは、それ自身では繁殖して世代を重ねることができない。しかし、「心の中の自生地」はそれを見たことのない人を含めた、多くの人と共有することができる。

こうして「心の中の自生地」を共有した人の中から、かつて地域に存在した里地里山の姿に興味を持ち、これから失われようとする場所の保全に携わる人が現れたらどうだろうか。「心の自生地」は、ここで再び実際の自生地と接点を持つ。心の中に自生地を持ち、それを伝えることが、将来の自生地保全に役立つかもしれないのだ。「心の中の自生地」を大切にする人の多くは、決して「昔は自然があってよかった」と嘆くだけの回顧主義者ではない。

3　湧水湿地の水で育てたうまい米

人の思考が、家族や友人といった周囲の人間の影響、学校や職場といった周囲の環境の変化によって、時を追うごとに変わっていくように、湧水湿地も、周囲の社会が変わることで、姿や植生を大きく変えてゆく。特に、湧水湿地の多くは里地里山の中にあるから、それが大きく変容した高度経済成長期を挟んで、かつてない変化を経験した。この節では、湧水湿地としてはじめてラムサール条約に登録された矢並湿地を事例に、湿地と人の関係史を紡いでみることにしたい。

車の街の湿地群

矢並湿地は、愛知県豊田市にある。自動車産業で有名な企業城下町だから、さぞや鉄と油の匂いのする工業的な街だろうと想像したくなる。しかし、二〇〇五（平成一七）年に周辺町村と合併した豊田市は、標高一〇〇〇メートルを越える山地や、二五〇〇キロ平方メートル近い山林・原野を保持し、現在では木と土の匂いのする農山村地域の方がはるかに広い。

こうした農山村地域と、矢作川の作った盆地に広がる市街地の移行帯に、矢並地区は位置する。地区には標高一六〇から一八〇メートルほどの丘陵に囲まれた、南西-北東方向に伸びる細長い谷戸がある。その谷戸の行き止まりにある二つの湧水湿地の総称が、矢並湿地だ。西側（西湿地）の面積は〇・四八ヘクタール、東側（東湿地）の面積は〇・一〇ヘクタールである。この面積は、周囲の森林を含んでいるから、実際の湿地の面積はもう少し小さい。森林は、アカマツやコナラの卓越する西日本に典型的なタイプの二次林で、シラタマホシクサ・ミカワシオガマ・ヘビノボラズといった東海丘陵要素植物をはじめとして、サギソウ・トキソウ・ミズトンボ・ミコシギクといったレッドリスト記載種も多い。

一般公開日の矢並湿地（上）と動植物について説明を受ける来訪者（下）。2012 年 10 月、愛知県豊田市。

例として西湿地の植物群落を

調べてみると、大きく三種類に分けることができた。それぞれの群落は、地下水位によって序列されていた。

一つ目は、シラタマホシクサやイヌノヒゲ類などが優占するホシクサ属群落。群落の高さは四〇センチメートルから五〇センチメートルと低い。湿地中央部の最も湿ったところに成立し、ミカワシオガマやトキソウなどの保全上重要な植物も多く混じっている。

二つ目は、大型のイネ科草本であるヌマガヤが優占する群落（ヌマガヤ群落）。高さは時に一メートル以上になり、その間にキセルアザミやウメバチソウなどがみられる。この群落はホシクサ属より少し地下水位の低いところにみられ、湿地の中で最も広い面積を占めている。

三つ目は、ササの仲間であるコンゴウダケが優占する群落（コンゴウダケ群落）。地下水位が地表面下二〇センチメートル以下の湿地としては乾燥している湿地縁辺に多い。

しかし、この湿地内における群落の分布範囲は、かつてはどうも違っていたようだ。それだけでなく、湿地そのものの形も大きく違っていたようである。

ラムサール湿地の誕生

矢並湿地の保全に初期から関わる豊田市自然愛護協会の鈴木勝己さんによると、この湿地が初めて「発見」されたのは一九七〇（昭和四五）年か一九七一（昭和四六）年の頃だった。近くの小学校の先生が、たまたま湿地を観察したところ、珍しい植物が生育していることに驚いて「豊田市植物友の会」に知らせた。一九七三（昭和四八）年に、友の会メンバー数人で調査に入ったところ、報告通り多数の希少種の生育が確認された。このことは豊田市にも伝えられ、一九七五年には盗掘防止のためのフェンスが張られた。また、この年から「野の花保存会」というグループが簡単な保護・管理を行うようになったが、一九九二（平成四）年には「豊田市自然愛護協会」に受け継がれ、ここから本格的な保全活動が始められる。一九九八（平成一〇）年には、愛知県内の湿地保全関係者が集う湿地植物保護懇談会（後述する「湿地サミット」の前身）の会場となり、これをきっかけとして、観察路の整備や詳細な調査と報告書の発行がなされた。翌一九九九（平成一一）年から一般公開が始まり、市内の貴重な自然環境として市民が知るようになった。二〇〇二（平成一四）年には、環境省が選定した「日本の重要湿地五〇〇」の中に、「豊田市周辺中間湿原群」という名前で近隣のほかの湿地とともに登録されている。

矢並湿地の近くには、自然教育施設「豊田市自然観察の森」がある。指定管理者である日本野鳥の会のレンジャーとして、この施設に勤務をはじめた大畑孝二さんは、二〇〇三（平成一五）年、この湿地に関する画期的な提案をする。周辺地域の整備事業のひとつとして、矢並湿地をラムサール条約に登録を目指してはどうか、というものだ。ラムサール条約は、すでに説明をしたように、湿地環境やその生物多様性の保全を目的とした国際条約である。一般に、水鳥の保護条約と誤解されがちであるが、湿地に生きる植物を含めた生き物たちすべてがこの条約の保護の対象となっている。そして、彼らを維持する文化もまた、この条約で尊重されているものである。こうしたことを踏まえ、この条約に登録されれば、世界的にも重要な湿地として保全が進むのではないか、と考えたことが提案のきっかけだった。

しかし、他のラムサール条約登録地をみると、釧路湿原のような広大な湿地が多い。全体でも〇・五ヘクタールに満たない矢並湿地は果たして対象になるのか、という懸念もあって、しばらく進展がなかった。しかし、何度も学習会を実施したり、湿地の専門家であった辻井達一さんを視察に招いたりする中で、絶えず働きかけを行ってきた豊田市や環境省が動くようになった。そして、ついに二〇一二（平成二四）年、近接する上高湿地・恩真寺湿地とともに「東海丘陵湧水湿地群」としてラムサール条約に登録された。湧水湿地としては初めての登録である。ラムサール条約登録までの経緯は、大畑さんによるブックレット『里山と湿地を守るレンジャー奮闘記』（二〇一三）に詳しい。

以上が、ラムサール条約登録湿地としての矢並湿地の歩みである。しかし、湧水湿地としての矢並湿地の歴史は、一九七〇年代初頭の「発見」より当然遡る。私は、保全対象とはなっていない時代の、里山の中の湿地がどのように形成され、変化していったのかを知りたいと思った。なぜなら、湧水湿地の生き物たちが、どのように人との関わりの中で世代を重ねてきたのかを知るためのカギが、そこに隠されていると考えたからだ。

二〇〇九（平成二一）年、できたばかりの日本湿地学会で大畑さんにお目にかかる機会があった。そこで薦められたこともあって、翌二〇一〇（平成二二）年、私は矢並湿地に調査に入ることにした。

矢並湿地の地下を調べる

ある場所の過去の環境や、その変化を知るには、いくつかの方法がある。

まずは、湿地の堆積物に聞く方法である。堆積物の成分や色、粒度は、堆積した時の状況をよく物語っている。だから、その積み重なり具合を見れば、環境の変遷を追うことができる。また、堆積物の中には、小さな化石が含まれていることがある。この化石も、いろいろなことを教えてくれる。最も分かりやすいのは貝の化石だ。貝が出てこれば、そこが海だったことがわかる。もっと小さな化石（微化石）もある。第二章で紹介したような花粉化石もよく使われるし、環境によって種類が決まってくる珪藻もよい指標になる。ある程度の有機物（木片や泥炭など）が見つかれば、放射性炭素年代測定という方法で、その有機物が生きていた当時の年代を決めることも可能だ。

歴史学的な方法も重要である。過去の文献、つまり古文書や古地図（村絵図など）に聞くという方法だ。それらの文献の中で、知りたい場所に関する記述を探し、内容を検討すればよい。近い過去であれば、地形図や空中写真、衛星画像などもあるから、それらの古いバージョンを入手して、現代と比較することもできる。そして、やはりディティールを知るには、不確実な要素もあるけれど、人に聞くことが一番である。

矢並湿地では、この中からいくつかの方法を組み合わせて、異なる手段から得られた情報を突き合わせながら、過去の環境を復元してゆくことにした。まずは、堆積物に聞いた結果を紹介しよう。

湿地に堆積したような柔らかい堆積物のサンプルを、その堆積した順序（層序という）を乱さずに知るには、ボーリングとよばれる調査を行う。ボーリングには、温泉を掘り当てるような大掛かりなものもあるが、今回は人力で行う簡易なハンドボーリングを実施した。ハンドオーガーという柄の付いた金属製の筒を地面に突き刺し、体重をかけて地下に沈める。必要な深さまで入ったら、ぐるぐると回した後でそっと引き抜く。すると、円柱状の試料（コア）が得られる。かなりの力仕事だし、空けた穴から地下水が湧出するから泥まみれになる。許可を得て、深さが最大で二メートルほどのコア試料を、西湿地の中のいくつかの場所で得た。それを粒度別に整理して、間を推測しながら断面を描くように示したのが図21だ。

これをざっと見ると、西湿地の中では、砂のような粗い土砂と、シルト・粘土のような細かい土砂が交互に積み重なっていることが分かった。上流のほうでは、粗い土砂の割合が多く、中流部分では細かい土砂の割合が多くなっている（下流はコアの一部が抜けてしまったところが多く判別しにくい）。これは何を意味しているのだろうか。

一般に、粗い土砂が堆積するのは、強い水の力が働いた場所である。粒子が大きいから、

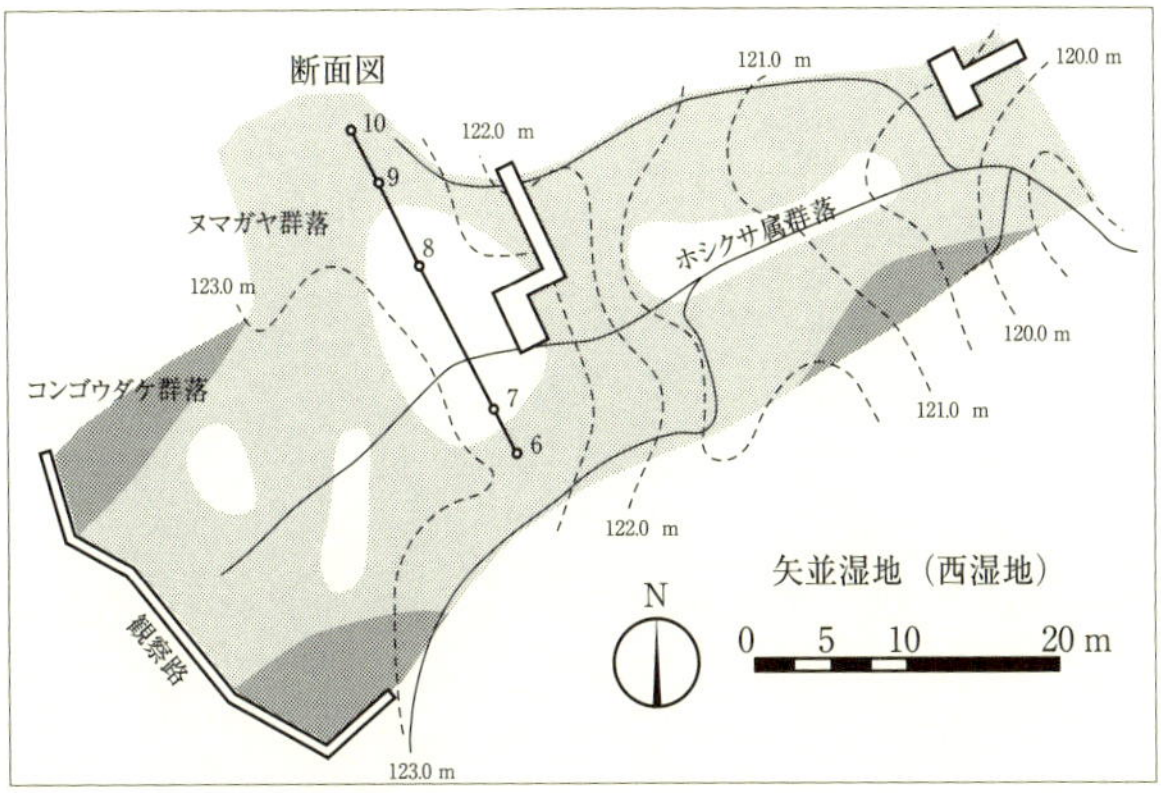

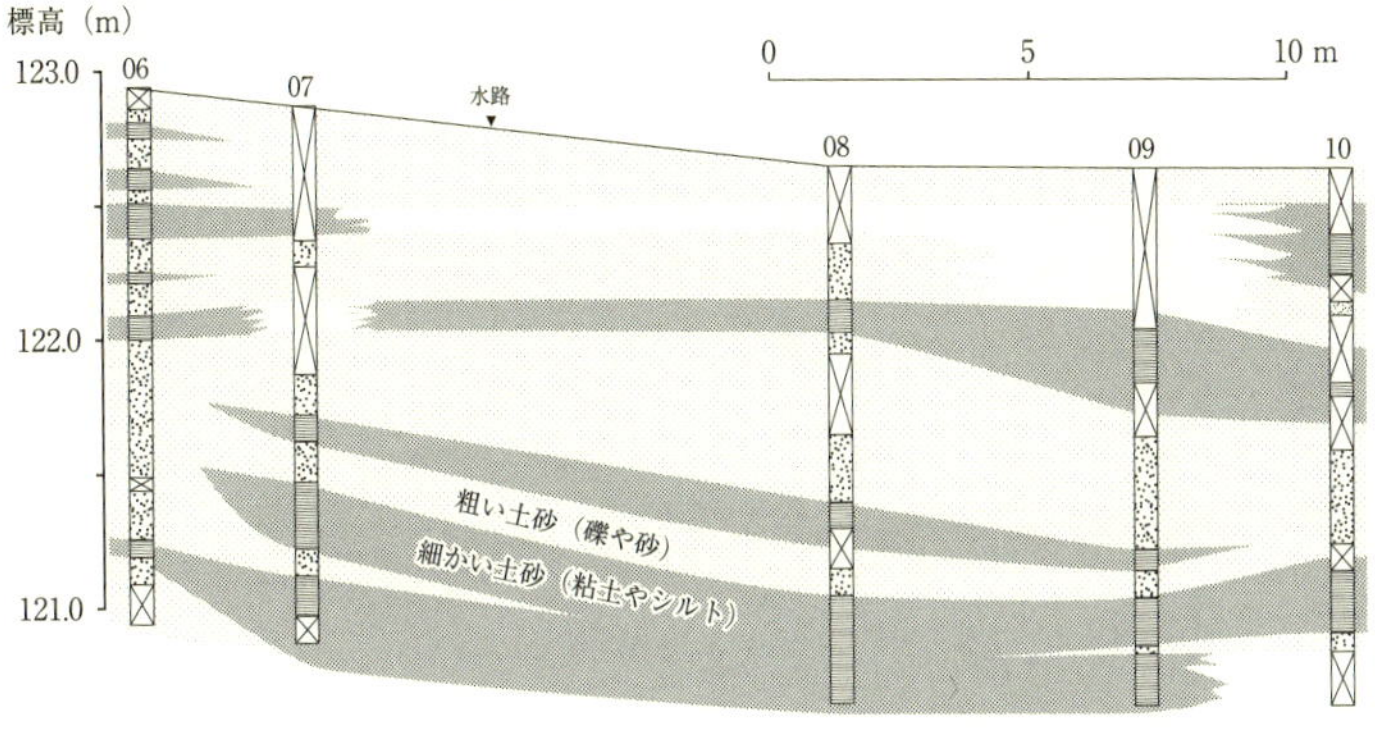

図21　ボーリング調査に基づく矢並湿地の推定断面図。（筆者作成）

ちょっとの力では運ぶことができないからだ。一方で、細かい土砂が堆積するのは、流れがほとんど無いような静かな環境である。水の中であることも多い。強い力があっては、それらは流れ去ってしまう。つまり、矢並湿地の西湿地では、強い水流で一気に土砂が堆積した時期と、穏やかな浅い水域にゆっくりと土砂が堆積した時期が交互に訪れているようだ、ということがわかる。

また、一か所のコアから植物片を得ることができた。これを使って年代測定したところ、地下一七七センチメートルに埋積されていた植物片が生きていた時代は、一五二一年から一六四一年のどこかであること（特に一五二一年〜一五七七年の確率が高い）がわかった。矢並湿地のある三河地方の武将、徳川家康が全国制覇に向け奮戦し、江戸に幕府を樹立したあたりには、すでに湿地の基盤となるような堆積場としての環境があったようである。

砂防工事が作った湿地

明治に入って間もない、一八八四（明治一七）年に作成された矢並村の地籍図がある。地籍図からは、区割りごとの土地所有者だけでなく、地目（土地利用）もわかる。これを読み解くと、当時すでに谷戸は水田だった。谷底には、畦で細かく分割された水田がずっと奥まで続いている。現在湿地のある場所の地目はすべて「雑木山」だ（近年西湿地の一部として編入された休耕田は除く）。つまり、耕作地としては使用されていなかったようだ。

続いて、一八九一（明治二四）年の地形図を確認すると、百伏川の谷底に続く谷壁斜面から丘頂部の大部分は針葉樹林、谷の上流部の北西側は荒地に区分されている。荒れ地とはどんな様子だったのか、土地の古老、Yさんに聞いてみた。

一九一五（大正四）年に生まれたYさんによると、あとから述べる治山工事が行われる前、裾のほう三割はスギ・ヒノキ・マツがあったが、それより上部は草も生えなかったという。ひとたび大雨が降ると、山が崩れ砂が出て、谷戸の水田が埋まってしまった。こんなことは度々あった。少しでも防ごうと、雨のときは稲わらを固く縛って畦に固定し、砂止めとした。だが、ほとんど効果はなかった。矢並湿地の一帯は風化しやすい花崗岩地である。はげ山になれば、次から次へと土砂崩壊が起こるのは必然といえるだろう。

この時期、現在西湿地のある場所は川が流れていて、雨のたびに流路が変化するような不安定な環境だった。この場所は草が茂っていて、採草地として利用していたそうだ。この当時からシラタマホシクサやサギソウがあったかもしれない、とYさんは言う。

Yさんの語った内容は、先に紹介した堆積物の調査との整合的だ。大雨による出水では、水田だけでなく、谷頭の河川沿いにも堆積したことだろう。普段は穏やかに流れ、細かい土砂を堆積させている川は、大雨になると一気に粗い土砂を運びこむ。こうして、先に見たような、粗い土砂と細かい土砂のバームクーヘンのような地層ができあがったと考えられる。

しかし、このようなはげ山は、防災上からも、安定した米の生産の面からもよろしくない。

そこで、一九三三〜三四（昭和八〜九）年に、百伏川の谷底に続く谷壁斜面から丘頂部の治山工事が実施された（なお、『高橋村誌』では、矢並地区の治山工事の実施時期は一九三五〜一九四一年と記載されている）。はげ山だった斜面は、階段状に整地され、そこにはマツやススキ、ヤシャブシが植えられた。同じく矢並に生まれ育ったMさんとAさん（いずれも矢並湿地保存会）によると、西湿地直近の丘陵斜面は、一九四五（昭和二〇）年頃にヤシャブシが植林されたという。植えた直後は苗木より岩石が目立っていたが、一九五一（昭和二六）年頃にはヤシャブシは成木となり、小学校の児童が果実を収穫し資金源としていた。

さて、この昭和初期の治山工事では、植林と同時に、谷底に砂防堤も作られている。場所は現在の西湿地の辺りで、これによって下流の水田に土砂が流入するのを防いだ。Yさんは、「この堤防の上流に土砂と水がたまって西湿地ができた」と説明する。西湿地をよく見ると、中流付近を横切るように比高一メートル程の土手状の地形がみられる。おそらくこれが、このときに造られた堤防なのだろう。植林が行われたとはいえ、まだしばらくは多くの土砂が谷底に流れ込んできたはずだ。堤防の上に土砂は次々に堆積し、地下水位の高い平らな地形ができた。そこに、以前から周囲に生育していた湿地植物がたどり着き、現在の西湿地につながる環境ができたということだろう。

すし屋が米を買いに来た

Mさんとさんによると、一九四五（昭和二〇）年当時、西湿地は現在と比べて痩せた印象のある背の低い草原だった。木はまったく生育しておらず、湿地の地表は砂地で小石がごろごろしているのが見え、石は湧水に含まれる鉄分で赤茶色に染まっていた。痩せた草原であったため、採草地としての価値は低くなった。それでも、一部だがまだ利用している人もいた。この頃、西湿地のすぐ下を通る道は常にぬかるんでいた。湿地の水量が非常に豊富だったということだろう。この水の豊富さも併せて考えると、「背の低い草原」というのは、現在みられるホシクサ属群落だと考えられる。現在では湿地中央の流路周辺にしか見られないこの群落が、当時は湿地一面に広がっていたのではないだろうか。

一方の東湿地は、戦後しばらくまで、水田として耕作されていた。このことは、一九四九年に米軍が撮影した空中写真からも確認できる。すでに紹介したように、一八八四（明治一七）年の地籍図では、この付近は耕地ではなかったので、この間に新たに開墾されたと思われる。耕作されていた当時の東湿地は泥の深い水田であり、沈まずに歩けるよう、泥中に松の木が埋めてあった。この水田は、一九五三〜一九五四（昭和二八〜二九）年頃に休耕し、やがて湿地植生が進出する。

周囲の山林に目を転じると、戦後、一帯の丘陵は樹高の低いアカマツ林が優占するようになっていた。矢並集落では、伊勢湾台風（一九五九年）の頃まで、西湿地周辺まで焚き付けにする松の落ち葉（ゴ）を取りに来る家もあった。また、一帯は当時マツタケの産地だったという。これらの山林では、およそ一五～二〇年に一度皆伐が行われ、名古屋方面に割木として出荷することもあった。山林の入札制度もあって、他人の山でも「一山いくら」で地上の木の権利を買い取ることができた。名古屋の薪屋さんは、いくらでも買ってくれた。聞き取りでは、こうした伐採利用した樹木は「雑木」と表現されていた。したがって、場所によってはアカマツ林だけでなくコナラなどの落葉広葉樹も存在していたようである。

谷戸はこの時代を通して、ほとんどの部分が変わらず水田として利用されていた。湿地下流の水田は湿地からの湧水で耕作しており、その水は先に書いたように豊富だったから、水に関する争いもなかった。貧栄養の水で灌漑されていたせいか、この付近の水田の収量は少なかった。酷いところでは、近くの豊田（かつて矢並湿地の所在地は高橋村だった）や岡崎の半作、つまり半分ほどしか収穫できなかった。しかし、湧水湿地を上流に持つことは、デメリットばかりではなかった。山清水の入る砂地の水田でできた米は、うまかった。わざわざ、すし屋が買いに来たほどだ。湿地の水で育てた米は、どんな味がしたのだろう。聞いていて、そのおむすびが食べたくなってしまった。

ところで、当時、水田に接する丘陵斜面の下部は、日照確保のため、水田所有者が水田から一定距離自由に刈り上げることができ、刈った草は肥料として水田に入れていた。このような場所ではしばしば湧水が見られ、小さな湿地になっていたようだ。聞き取りでは、シラタマホシクサ・カキラン・サギソウが山裾や水田畦畔の至る所で生育していたようで、こうした草地は一九六一（昭和三六）年に撮影された空中写真からも確認できる。

先に紹介した江戸時代の農書『百姓伝記』には、「堀をほる事」という項目がある。そこには、次のような記述がある。

水田のあるところや山の突端、あるいは野原のせばまったところなどでは、自然の清水が湧き出るところが各地によくある。そういうところでは補助池を掘り、堤を築き、四方八方に細い溝を掘っておき、干ばつのときにはその水を汲み込み、あるいはかけるなどして、作物を枯らさないようにしながら雨を待つこと。

これを読むと、矢並湿地の水が豊富で、谷戸の各所にも湧水があった時代の矢並地区がモデルなのではないかと思うほど、ぴったりな記述である。かつて、矢並の谷戸に堀（補助池）があったかどうかは不明であるが、湧水の恵みは今以上に大きいものだったに違いない。

矢並湿地のその後

Ｙさんは、昭和四〇年代に区長を経験した。このとき、地域を大きく変える仕事を行うことになる。「矢並町の図面にアイロンをかける政策をやります！」。こう、Ｙさんは町内に向けて呼びかけた。小さく不定形の谷戸の水田を、しわくちゃのシャツを伸ばすように、定型で大きな水田に替えていこう、という意味だった。つまり、圃場整備の始まりだった。

『高橋村誌』によると、矢並地区の耕地整理の実施時期は一九七一～一九七六（昭和四六～五一）年と記載されている。その後撮影された一九八七（昭和六二）年の空中写真によると、百伏川の谷底の水田が、大面積に整形されていることが読み取れる。このとき、耕地ではなかった東西の矢並湿地は、幸いなことに影響を受けなかった。しかし、採草によって維持されていた、丘陵斜面下部の小さな湧水湿地は、この時期に消滅してしまったのではないかと思われる。

この頃、周囲の山林は確実に変化をしていた。矢並集落に、プロパンガスは、昭和三〇年代から四〇年代にかけて徐々に広まった。時を同じくして、山林におけるゴの採取や割木用の伐採は行われなくなった。そして、昭和五〇年代を通して湿地周辺の森林で徐々にマツ枯れが進み、次第にコナラの森林が優占するようになった。森林の遷移がまた一段階進んだのである。一九八七年の空中写真を読み取ると、まだ湿地周囲の森林優占種はアカマツであるが、その間にはコナラが入ってきていることがわかる。

すでに紹介したように、周囲が未発達の森林だった一九四〇年代、語られた湿地内の植生状況や、水環境の状況から推測すると、矢並湿地の水量は豊富だった。しかし、一九九八年の報告書にすでに「年々乾燥化」という記述があるように水量は減り、植生もやや乾燥したものへと移行している。

私は、この変化は周囲の森林の発達と関係があるのではないかと考えている。過去の水量を客観的に測定した情報は存在しないから、直接の立証は難しい。しかし、はげ山から発達した森林へという同様の植生変化を経験した、隣街（瀬戸市）にある東大演習林の水文データをみると、年流量の減少傾向を読み取ることができる。森林が発達すれば、遮断量や蒸散量が増加し、湿地に供給される水の量が減る、ということはないだろうか。このことは、湧水湿地の保全のために、周囲の森林をどのように管理するのがよいかという問いと大きく関係するので、継続した研究が必要である。

ちなみに、谷戸の谷底の様相も大きく変わっている。二〇一五（平成二七）年現在、矢並湿地から集落へと続く谷戸の大部分は、休耕田となるか、畑地に転用されている。矢並湿地は世界の湿地として保全されたけれど、すし屋がわざわざ買いに来たという、うまい米が生産されなくなってしまったのは残念なことだ。

4　湧水湿地と人の関わり

二つの関わり

ここまで見てきたように、湧水湿地は里地里山の中あって、人との関わりの中で存続と消滅を繰り返してきた。人がその場所から何らかの資源を得ていたという機能の点で里地里山を定義するならば、湧水湿地はそこから外れる。しかし、そこには常に人の関与があり、大きく影響を受けていたという点でいえば、やはり里地里山の一部と言って差し支えないように思う。

こうした地域社会と湧水湿地の関わりを整理すると、言うなれば「場所を介した関わり」「生態的プロセスを介した関わり」の二つの関わりが重なっているように見える。それぞれ見てゆこう。

「場所を介した関わり」は、地域社会の中に湧水湿地があることから生じる関わりだ。かつて、湧水湿地は人々の暮らしのすぐ近くにあり、身近に感じることができた。名古屋市の滝ノ水地区では、夏にスイカを冷やしに行く泉がシラタマホシクサの自生地だったり、キノコ狩りやウサギ狩りをして遊んだ山に湿地があったりした。こうした日常の行動と結びついた地域の一部として、湧水湿地は観察され、記憶に刻まれていた。

湧水湿地と人の付き合いは意外に古いのかもしれない。たとえば愛知県豊橋市の葦毛湿原の周囲には、縄文時代から現在に至るまでの多様な集落や産業に関する遺跡が見つかっている（豊橋市教育委員会、二〇一〇）。静岡県浜松市北区には、銅鐸が見つかったことを記念する「銅鐸公園」があるが、その公園の中にシラタマホシクサの自生地がある。そうした遺跡があった当時から湧水湿地があった証拠はないし、どんな関わりがあったかは不明だ。しかし、里地里山の中で湧水湿地が消長を繰り返してきたことを考えると、まったく関わりがなかったと考えるのは不自然だ。ただし、歴史時代の人々にとって湧水湿地は、あくまで日常的に見る景観の一部に過ぎなかっただろう。保全対象として特別視されたのはつい最近のことだ。

しかし、高度経済成長期に里地里山から人々が遠のくと、湧水湿地も日常生活の中で見ることは少なくなった。しかし、残された湧水湿地は、依然として地域社会の中に存在している。「場所を介した関わり」は、完全に途切れたわけではない。後から紹介する湧水湿地の保全を進めている多くの団体は、地域社会を基盤として成立している。このことは、今後の湧水湿地のあり方を考える上でとても大切だ。

ところで、湧水湿地の周囲で行われる人の活動は、知らず知らずのうちに湧水湿地の形成と維持に様々な役割を果たしてきた。これが、もう一つの「生態的プロセスを介した関わり」だ。たとえば矢並湿地では、大正時代に堰堤を築造したことが、現在の湿地の直接の成因だった。また、集水域の里山利用が蒸発散量を減らし、湿地を湿潤な状態に維持していた可能性もあるし、湿地内で肥料・飼料用の採草をしたことが、湿地の遷移を押しとどめていたのかもしれない。だから、「生態的プロセスを介した関わり」が少なくなると、湧水湿地は存続が難しくなる。具体的には、周囲の樹木が覆いかぶさって湿地内に陰をつくったり、森林の発達により蒸発散量が増加して乾燥化したり、斜面が安定化して土砂が流入しなくなったり、という変化が現れる。

こうした変化をなんとか食い止め、湧水湿地を良好な状態に保とうと奮戦しているのが、各地に生まれた湧水湿地保全グループである。

小さな湿地の大きな役割

丘陵地の都市化や圃場整備の波に飲み込まれていった東海地方の湧水湿地群は、それでも、いくつかは地域の方々の熱心な働きかけによって重要性が認められ、天然記念物をはじめとした保護区として残されている。当初そこにあったであろう数には到底及ばないが、尾張地方だけで一〇以上はある。この本で紹介した壱町田湿地、板山高根湿地、滝ノ水緑地、矢並湿地などはそのよい例である。そして、こうした保護された湿地の多くで、地域の方々による保全活動が行われている。

北海道から来られた湿地の研究者を、尾張地方のいくつかの湧水湿地にご案内したときのことだ。それらの湿地の保全グループの方々には事前に訪問を連絡し、私たちの観察に付き合っていただいた。その湿地のことは、そこを保全するグループの方々が一番よく知っている。保全グループの方々は、必ずしも生物や環境の専門家ではないけれど、よく勉強をされているし、何よりもよく自然を観察なさっている。「この時期には、どんな生き物がどのあたりで、どうしている」ということが、しっかりと頭の中に入っている方ばかりだ。そして何より、自分たちがこの湿地を守っているのだという強い自負を持っておられる。こうしたグループの方々にお話を伺いながら湿地を一通り回った後、感想を伺うと、「小さな湿地一つ一つに、守る団体があるってすごいね、素晴らしいね」と感心されていた。

湿地一つ一つにお守りするグループがあるというのは、他のタイプの湿地ではあまり見ないケースだろう。分布域が都市近郊の人口密集地で、その分、保全に関心をもつ人の数が多いという理由はある。しかし、ここまで紹介したように、保全対象になる以前から、地域の人々と湿地の間では密接な関わりが存在していた。そういう素地があったからこそという部分も大きいだろう。

こうした湧水湿地保全グループの活動は、主に、大型草本の除去や集水域の森林整備、外来種の除去というような植生管理作業が中心である。よく考えてみれば、これらの作業はのほとんどは、周囲が里地里山だった時代に、山仕事・野良仕事のひとつとして行われていたことである。つまり、かつて存在していた「生態的プロセスを介した関わり」を保全グループが引き継ぎ、代替しているというわけである。保全グループが重要な役割を担うのは、こうした保全活動ばかりではない。第一章で紹介した一般公開のような、湿地を知ってもらう活動、また、地域や関心のある方々に向けて自然を解説する活動である。こうした活動は、先に書いた「心の中の自生地」を多くの人に持ってもらうという意味でも大切である。

こうした活動はこれまで、一つ一つの湿地保全グループが独自に行ってきた。しかし、最近では湿地の生き物たちが複数の湿地を渡り歩くことで命脈を繋いできたように、それを守る人たちの横の連携も模索されるようになっている。たとえば、愛知県では湿地の所在自治体と保全グループが一堂に会して意見交換と現地視察を行う「湿地サミット（一九九九年以前は湿地植物保護懇談会）」が年に一回のペースで行われている。これは、湧水湿地以外の湿地も含まれるが、普段は別々に活動しているグループが情報交換をしあう貴重な機会である。豊橋市の葦毛湿原で開催された二〇一四(平成二六)年までに、すでに二二回が開催されている。また豊田市では、これのミニ版ともいえる「豊田市湿地保全連絡会」がやはり毎年実施されている。

湧水湿地はちっぽけな湿地ではあるが、今や地域の生物多様性保全や環境教育に大きな役割を持っている。湧水湿地の保全・活用については多くの優れた研究や実践例、また、様々な課題がある。これらについて紹介することは、この本のテーマと若干ずれるし、限られた紙幅では難しいので、改めてお伝えする機会を持ちたい。

第四章　様々な顔をもつため池

1　水路の源にはため池がある

ため池列島日本

都心に、溜池という地名がある。

東京の地下鉄をよく使う人なら「溜池山王」という東京メトロ銀座線・南北線の駅をご存じだろう。その駅を降りて地上に出ると「溜池」交差点がある。その交差点は何車線もある太い道路が交差し、ひっきりなしに車が往来している。国会議事堂や霞が関の官庁街が目と鼻の先だから、スーツ姿の人が足早に横断歩道を渡っては通り過ぎていく。こんな都心に、なぜ田舎っぽい「溜池」などという地名が残っているのだろうか。

明治になるまで、実際にこの場所にはため池があった。一六〇〇年代初頭、ほとんど何もなかった関東平野に街づくりを進めていた江戸幕府は、急激な人口増加に伴い、飲料水の確保に苦心していた。そこで一六〇六年、もともと湧水のあった谷をせき止め、外濠の一部として江戸城の南西にため池を築く。これがその地名の起こりである。一六五三年に玉川上水がひかれると、その役割を終え一部は埋め立てられたというが、それでも大部分の水面は存続した。

江戸後期に描かれた「江戸名所図会」にも、その姿はある（図22）。かなり大きな池で、周囲には木々が茂り、水際にはアシだろうか、抽水植物が生育している。水面には水草らしき葉

溜池発祥の碑。2015 年 3 月、東京都千代田区。

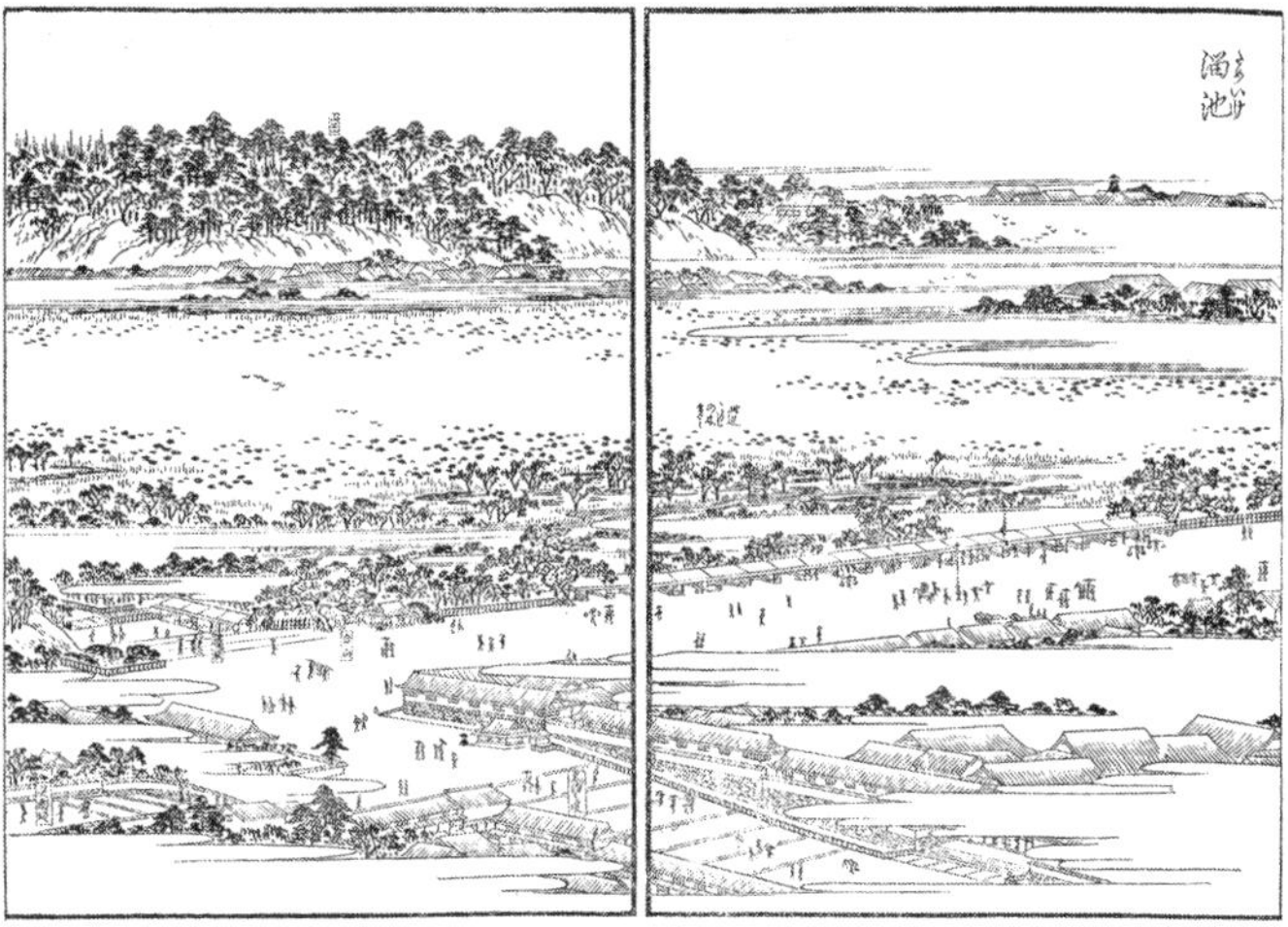

図 22　『江戸名所図会』に描かれた江戸の溜池。（出典：鈴木・朝倉（1975））

が浮かぶのもみえる。後述の碑文によれば、池にはコイ・フナなどが放流され、ハスも植えられ、上野の不忍池に匹敵する名所だった。三代将軍の徳川家光も泳いだそうだ。

明治に入ると完全に埋め立てられてしまうので、当時を偲ぶものは、地名と交差点にある由来を記した石碑だけである。この碑には「溜池発祥の碑」と書いてある。しかし、日本のため池の歴史は、ここに始まったわけではない。

江戸のため池は、上水用として都市内部に築かれたものであったが、今日みられる大部分のため池は、農業用（灌漑用）として農村に設けられたものである。里地里山を構成するひとつの環境要素としてこれらのため池を見たとき、その歴史は古墳時代まで遡る。

そもそもため池が築造されるようになった背景には、稲作の発達がある。安定した米の生産を行うには、気まぐれな天水だけに頼るのではうまくいかない。必要に応じて水を引くための灌漑技術が必要であった。折しも、古墳の築造のために中国大陸や朝鮮半島から移住した渡来人が、その技術を持ち合わせていた。彼らが、日本にため池を根付かせるのに一役買った。古墳の外濠がため池としても機能していたともいわれ、古墳の築造技術とため池のそれはよく似ていた。

記録上最も古いため池は、日本書紀の中に現れる狭山池だ。崇神六二年（西暦不詳）に、河内の国（現在の大阪府）に築造したと記されている。実際の築造年代は七世紀頃と言われているが、この頃の近畿地方が元祖ため池発祥の地といえるだろう。

里山の緑に囲まれたため池。2007年7月、愛知県東浦町。

その後、行基（六六八〜七四九）が近畿地方にいくつかのため池を作ったことや、土木技術者でもあった弘法大師（空海：七四四〜八三五）が讃岐国（現在の香川県）の満濃池を改築したことが伝わっているし、条里制の進展に伴い、国家事業として次々とため池が作られたことも知られている。しかし、全国的にため池が多く作られるようになるのは、江戸時代である。新田開発に伴って、江戸後期には多くのため池が日本列島の里地里山に見られるようになった。その一つ一つに、安定した米の生産を願う人々の思いが込められていたことを考えると、里地里山の地表面に、無数のため池が模様のように彫り込まれている景観は、それを描くこと自体が祈りの行為であった曼荼羅のようにも思えてくる。

農林水産省によると、二〇一四年現在、同省が把握している灌漑用ため池の数は、全国におよそ二〇万か所である。それらは、まんべんなく散らばっているの

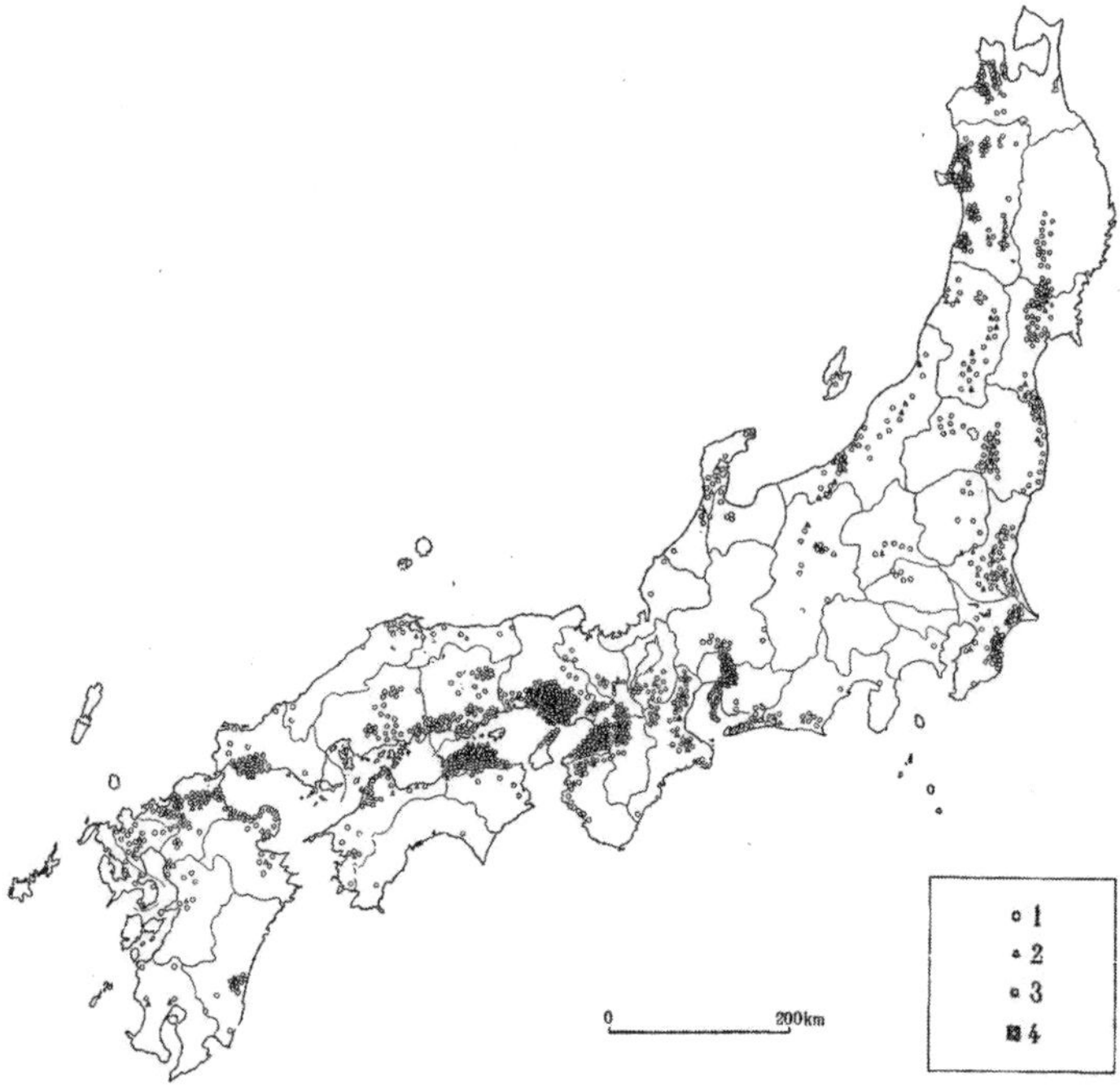

図23　昭和初期のため池の分布。1：a30個又はb10個、2：c2個（ただし1個の場合もある）、3:d1個（ただし75町歩以下）、4:75町歩以上の特大な溜池1個。a < 2.25 < b < 6.25 < c < 25町歩 < d。（出典：竹内（1939））

ではない。歴史的背景や気候風土に合わせて密度の濃淡がある。最もため池数の多い都道府県は兵庫で、四万三二四五か所が数えられている。次いで、広島県（一万九六〇九か所）、香川県（一万四六一九か所）、大阪府（一万一〇七七か所）と上位は瀬戸内海周辺地域が占めている。

日本の農業水利について追究した地理学者・竹内常行さんは、まだ里地里山が生き生きとしていた戦前に、五万分の一地形図から丹念にため池を拾い上げ、全国のため池分布図を作成した（図23）。これをみると、全体として西日本に多く、これは先に紹介したアカマツ林やはげ山、湧水湿地の分布とよく似ている。よく、ため池が多いのは、天水が得られにくく旱ばつが起こりやすい地域だといわれる。確かに瀬戸内海周辺は国内では最も降水量が少ない地域ではあるが、分布の濃淡がそれだけで作られたとは思えない。引水可能な大河川がないといった地形的条件もあるだろうが、アカマツ林・はげ山・湧水湿地と同様に、人々の土地の利用の激しさが分布に与えた影響も大きいだろう。

ため池の造り方

ため池は、どのように造られ、利用されてきたのだろうか。ため池をはじめとする灌漑設備は、里地里山において生産のための心臓部ともいうべき部分で、高い技術と知恵が注ぎこまれた。まずは、ため池の形態を観察してみよう。

例として、知多郡武豊町にある別層池（図24）を上空から眺めてみる。池は、谷戸にすっぽりとはまるような形で存在している。また、下流側に堰堤《えんてい》があり、小さなダムのような形であることもわかる。丘陵地にあるほとんどのため池は、このように谷戸の谷頭や中央の一部を堰き止めて築造されている。この形状のため池を、谷池《たにいけ》とか壺池《つぼいけ》などと呼ぶ（単に水深の深い池のことを言うこともある）。

一方で、平野部に行くと、外周をぐるりと堤防で囲まれた浅いため池がみられる地方がある。

図24　別層池の空中写真。（国土地理院、1982年撮影）

奈良盆地や香川県の讃岐平野などがその典型だ。これらの地方にある池をよく観察してみると、四角い形をしている。これは、古代の条里制の区画に沿っているためだ。こうした平野部の浅い池は、皿池と呼ぶ（浅い谷に築造された池をこう呼ぶこともある）。

このように、ため池には大きく分けて二つのタイプがある。ここでは、里地里山の代表的な立地である、丘陵地に多い谷池を例にとって話を進めることにしよう。

谷池タイプのため池を造るには、谷に堰堤を築かなければならない。堰堤は、中央に遮水のための粘土の芯（はがね土）があって、水圧に耐えるよう、その周囲を土で固めた造りになっている。現代では、さらに表面がコンクリートブロックなどで護岸されていることがある。堰堤の下部には底樋《そこひ》と呼ばれるパイプが通っていて、池の水はそこを伝って下流の水路へと流れ出る。底樋への水の取り入れ口は、かつてはイルまたはイリ（「杁」「圦」という字を当てる）、あるいはダツと呼ばれた木製の簡易な設備であった。あとから紹介するように、この水の管理作業は高い身体能力が要求されるし、公平な水の分配という点で人望も必要であるから、特別な役職があって、その人が責任を持って管理するようになっていた。大雨の際に越流しないように、洪水吐け（余水吐けともいう）というものも作ってある。

　別層池に話を戻すと、この比較的大きなため池は、もともとあった複数の小さなため池を束ねる形で大正時代に造られている。築造以前の明治時代の地形図を見ると、別層池のある場所には、連続するように池が三つ並んでいることがわかる。また、別層池から南東に一・五キロメートルほどにある別の谷戸には、現在も四つ池が連続して並んでいるところがある。このように池をいくつも縦列させている例は、ため池の集中地域では数多くあって、それぞれ「上池」「中池」「下池」などと名前が付けられていることも多い。さらに、尾根を越えた場所にあるため池と水を融通し合えるように、池の間にマンボ（マンボー）と呼ばれる暗渠水路を掘ることもあった。これらの工夫は、少しでも有効に水を貯えようとした先人の知恵である。

　先に紹介した『百姓伝記』には、かなりの分量を割いてため池や水路の築造、維持管理について書かれている。まず、「田の用水確保のためには、溜池を掘ることは欠かせない仕事である」とため池の重要性を説き、築造する場所の地質を選ぶことや、堤の作り方、水門の管理方法などが細かく説かれる。

溜池は、どのようなところでも土地のくぼんだところを利用して築くのだが、そこに水がよく流れ込み、よくたまるように設計することがかんじんで、そうでなければ水は充分には得られない。（中略）石の多いところや砂地は、水がしみ込んでしまうので用水はとれないし、また水路の途中に沼地があるのも適当でない。

このように池の場所の選定にはじまり、

新しい堤を造るときには、かならず粘りのある土をたたきつけるようにして造ること。（中略）山間の傾斜地の谷を溜池にするには、堤を段々にいくつも築いて、何か所かで水を保持するようにすること。一か所で水を保持させる方法ではたまる水の量は少ないし、堤も壊れやすい。

と、前述の縦列するため池の利点にも言及している。さらには、

水門（引用者注：原文では「圦」と書かれている）に使う材木は、檜やさわらや楠よりよいも

のはない。ただし、肥松を使うのも良い。（中略）樋の穴はいくつも作って段々に水を落とす。日照りで田が乾く時期には、樋の水は溜池の水底の穴から抜き落とせばよい。このときは冷たい水を使ってよいからである。水が豊富なときは、水面の水から流すとよい。水が豊富な時期に冷たい水を使ってはよくないからである。

というように、イルの素材からその運用についてまで細かく解説している。それだけ、当時の農業にとって欠かせない重要な設備だったことがわかる。

このようにして多くのため池が造られた結果、「谷戸の水路を辿っていくと、その途中や奥には必ずため池がある」という状況が、各地の里地里山に生まれた。そうしたため池の密度（間隔）について調べた面白い研究がある。

茨城県つくば市において、迅速測図（明治時代の古い地図）を利用して旧来からのため池の間隔を調べてみると、ほとんどが一キロメートル以内にあったという（守山『むらの自然をいかす』、一九九七）。あとから紹介するように、ため池は常に水を湛えているわけではない。池の水がなくなると、そこにいた生物は死滅してしまう。しかし、移動できる距離に別のため池があれば、再び水が戻ったときに、生物相は蘇ることになる。実際に、実験用の谷戸を造成し、その奥に新しくため池を設けたところ、九〇〇メートル離れた用水路から多様なトンボやカエルが移動してきたそうだ。これは、湧水湿地の生き物たちが維持されてきた仕組みとほとんど同じである。

様々な水草たち

谷池の場合、いちばん深くなるのは構造上、下流側の堰堤の付近である。一方で、上流側は浅く、特に水が流入する部分には柔らかい土砂が堆積して湿地状になっていることも多い。湧き水が豊富であれば、そこに湧水湿地が発達することもある。前章で紹介した名古屋市東部のシラタマホシクサ自生地は、こうしたため池の入水部が多かった。

湧水湿地にならなくとも、ため池の上流部は水生植物の生育にとっては適した場所である。コンクリート護岸がなされていなければ、ヨシ・ガマなどの抽水植物（根元が水に浸かって育つ植物）がよく育っていることが多い。『百姓伝記』には、水路維持のため、水路沿いにオギ・ヨシ・マコモ・ガマ・ショウブなどを植えておくとよい、と書かれているから、中には人が植栽した場合もあるだろう。あとから述べるように、ため池は、水の利用状況によって水位の変動があるから、水が減った時などは、上流側は干上がってしまうことがある。しかし、そうした場所にも小さな一年草が多数進出してくる。

ため池の植物には、抽水植物のほかに、ヒシ・ヒツジグサ・オニバス・コウホネ・ガガブタ・ジュンサイといった浮葉植物（根は地面にあるが葉を水面に浮かせる植物）、ウキクサのような浮遊植物（植物体のすべてが水面に浮かんで生活する植物）、マツモ・イバラモ・クロモといった沈水植物（植物体のすべてが水面下にある植物）がある。浮葉植物は葉や花を水面まで伸ばさないといけないから、池の深い部分にはほとんどない。また、深い谷に造られた池や暗い場所の池には、人の影響がなくとも、水草がほとんどないこともある。

ため池の水草の実態の一端を知るために、私が愛知県知多半島で行ったため池の植物調査の結果を見てみよう。調査は二〇一〇年に行ったものである。知多半島全体としては、調査時点で一三〇〇を超えるため池が存在していたが、その中から地域や大きさを偏らないように五〇か所を抽出した。それらの池の水草を、八月と九月に一つ一つ実際に訪問して確認した。

この調査では、八八%にあたる四四か所のため池から、五〇種近い水草を確認することができた。最も出現頻度の高い水草はヨシだった。ヨシは実に六〇%のため池で見られた。以下、イグサ三二%、ショウブ二四%、ヒシ二二%、ガマ二〇%と続く。出現率二〇%以上のこれらの植物の中に沈水植物はなく、浮葉植物はヒシのみ。あとはすべて抽水植物である。抽水植物は、ため池に最も一般的な水草といってもよいようだ。

第二章で触れた外来種（植物では帰化植物ともいう）もしばしば含まれていた。目立ったのは園芸用スイレンで八%のため池に見られた。このほか、沈水植物のオオカナダモや、初夏に黄色の花を咲かせるキショウブ、池一面を覆うオオアカウキクサといった外来種もあった。調査対象の池では見なかったが、他にもホテイアオイやボタンウキクサなどもため池にみられる外来種として知られる。

園芸用スイレンは、「池にあるときれいだから」という理由で持ち込まれ、各地で広がり手が付けられなくなっている。池の水面がスイレンの葉で覆われてしまうと、他の水草が生育できなくなるだけでなく、池の中に酸素が供給されなくなり、他の水生生物にも悪影響を与えるおそれがある。

ため池の生き物と人々

こうした水草とともに生活しているのが、食用にもなった淡水魚類や貝類、水鳥、トンボ類をはじめとする水棲昆虫、そしてカメ類をはじめとした爬虫類、カエル類をはじめとした両棲類などである。ほかにも、各種のプランクトンやクモ類、海綿動物（淡水海綿）などがみられ、ため池は実に多様な生き物たちの生活の場となっている。

ため池に生息する淡水魚類は、大きく三つのグループがある。モツゴ・カワバタモロコのようにもともとため池を生息地としていたもの、ニゴイ・オイカワのように農業用水を経由して生息するようになったもの、コイ・ヘラブナのように人が持ち込んだものである（浜島ほか『ため池の自然―生き物たちと風景』、二〇〇一）。ため池のおかれた状況の変化によって、魚類相が大きく変化する事例も知られている。知多半島の生物を何十年も調査を続けている原穣さんによると、知多半島では、一九六一年に愛知用水が通水すると、一部のため池には愛知用水を通じて木曽川の水が流れ込むようになった。すると、タイリクバラタナゴ・ワカサギ・ニジマス・

ハスなどがみられるようになった。

ため池の水鳥といえば、カモ類がよく知られる。冬の到来とともに、北方から渡ってきたマガモ・ヒドリガモ・スズガモなどが、ため池の水面に浮かび、時々餌を取っている姿は愛らしく、バードウォッチャーに親しまれている。他にもアオサギ・ゴイサキなどのサギ類や、カイツブリ・バン・クイナなどがため池によく見られる。飛ぶ宝石と呼ばれるカワセミも、ため池で漁をする。

カワウが周囲の森林に営巣するため池もある。こうした池が住宅地に隣接していると、「糞害」が問題化していることもある。海を餌場としているカワウの糞は生臭く、池に近づくとそのいやな臭いが鼻に着く。しかし、カワウは単なる害鳥はない。知多郡美浜町の上野間地区には、鵜の池という名前の池があり、今もカワウが営巣している。周囲が真っ白になるほどの糞は、かつて肥料として高値で売れた。そして、その儲けは小学校の設立資金となった。上野間小学校は、別名「糞立鵜の糞小学校」などと呼ばれていたそうだ。

ため池の動物も、植物と同様、外来種問題が深刻である。二、三〇年前から、オオクチバス（ブラックバス）やブルーギルなどの外来魚が多くのため池で確認されるようになった。多くは釣りのために放たれたと考えられる。これらは在来種を駆逐したり食害を起こしているが、駆除は容易ではない。外来生物の問題は、淡水魚類だけではない。爬虫類では、ミシシッピアカミミガメ（ミドリガメ）が深刻である。従来、ため池にはニホンイシガメなどの在来種（クサガメは近年外来種であるとの説が報告されている）が棲息していたが、近年ではカメといえばミシシッピアカミミガメだけになってしまったため池も多くある。

堰堤の草地

ため池の生き物と言った場合に、どうしても水草や水鳥などの水辺の生き物だけを想像してしまいがちだ。しかし、堰堤の草地も大切な生き物の生活場所だった。

すでに書いたように、ため池の堰堤は、固めた土で作られている。そこには草地が成立し、飼料や肥料として重要な草刈り場になった。『阿久比町誌資料編八（民俗）』（阿久比町誌編さん委員会、一九九五）によると、知多半島中部にある阿久比町では、地域でため池を所有していた場合には、堤防をいくつかの区画に分け、「面積当たり一年いくら」という契約を結び、採草を行ったという。堰堤は、それほどに意味のある場所だった。

第二章で「蓮池」の堰堤に自生していたササユリの話を紹介したが、このほかにも、きれいに維持された草地には、ワレモコウ・オミナエシ・カワラナデシコ・ツリガネニンジンなどの花も美しい植物が育っていた。この中には、キキョウのような絶滅危惧種も含まれいる。そして、それらを餌とする各種の昆虫や小動物も生息していた。

場所によっては、ため池からしみ出した水で、堰堤に湧水湿地が形成されることもあった。知多半島でもため池の堰堤にショウジョウバカマやモウセンゴケなどの湿地植物が生育しているという記録があるし、他の地方でもそのような事例が報告されている。

2　原風景としてのため池

水への渇望感

里地里山の中に点在するため池は、その場所の雰囲気や利用に関する慣習とともに、そこに通う人の脳裏に刻みこまれた。ため池のある景観は、地域の誰もが共通して持つ原風景だった。この節では、語りや記録、民話、新美南吉の童話などを参照しながら、愛知県知多半島とその周辺を事例にして、地域の人々の記憶の中に、ため池という存在が、どのように刻み込まれていったのかを探ってみたい。

（大谷に）高砂山《たかさご》という山があるだけどね。夏に雨が降らんと、みんなが麦藁をだすやつが決まっとってね、それを燃して「天焼き」をするだわね。天を焼いて、そういう祈りをするだわ。（中略）高砂山まで行こうとすると、だいぶあるよ。天焼のたびに、藁二、三束かづいてか、大八車でひっぱってったか知らんが、そこへ行って、そこがすぐと火薬庫（引用者注：帝国火薬工業、現・日油武豊工場）のきわだったもんでね。一軒に一人はそれを持っていかならんで、村総出だね。そで、そのまた灰をばね、肥《こえ》にほしい人が買いよった。

知多半島の常滑市大谷で子ども時代を過ごした澤田さんには、このような思い出があった。雨乞いというと、ついうっかり昔話の中の出来事かと思ってしまう。しかし、澤田さんが語るのは、確かに地域が経験した現実の行事である。今から数十年前まで、身近な場所でこのような儀式が執り行われていたと思うと、不思議な気持ちにさせられた。

第二章で「知多の豊年、米喰わず」という言葉を紹介した。知多半島が潤って豊作になる年は、他の地域では大雨が降り洪水となって不作になるほど、知多半島は水を得にくい場所だ、という意味だった。夏期に雨があまり降らないだけでなく、大河川もないから、貴重な雨が降ってもすぐに三河湾か伊勢湾に流れ去ってしまう。

このような土地柄だから、知多半島の至る所で雨乞い行事が行われた。近世の古文書に残る雨乞いは、各集落の神社で執り行われ、獅子舞などを奉納するようなものだった（松下、二〇一二）。このタイプの雨乞いは、半田市で農業をされているIさんからお話を伺ったことがある。

ああ雨乞い神事。明治時代に、その支払いがある。「まあ今年も雨が降らへんで困ったな。神さんへ雨乞いをかけるか」と言うと、有脇に神社の氏子総代というのがあるけれども、その人へみんなで申しこむわけだね。禰宜さんを呼ばって、神さんへお神酒をもってって、みんなが参りに行くわけ。で、いよいよ雨乞い神事をやってもらってもまんだ雨が降らん場合がある。雨乞い神事をやるには金がかかるわけだ。お神酒を飾ったり、氏子の役員の人たちは夜、「お日待ち」そいて一杯会をやるわけだからお金が要るわけ。そうした雨乞いの費用というのを村から徴収するわけ。これが馬鹿にならんわけだ、うん。で、なかなか知多半島では方々で水に苦しんだと思うね。

一方、Sさんが語ったような、小高い丘の上で火を焚く天焼きをするタイプの雨乞いの記録は各地にあるが、先の松下さんの研究によると、どうやら明治以降に広まったもののようである。いずれにしても、知多半島の人々は水への強い渇望感が常にあったに違いない。

知多半島には湧水湿地のように湧き水も豊富だし、酒や酢などの醸造業に用いる優れた水もあったはずなのに、渇水頻発地域だったというのは不思議だ、と思うかもしれない。しかし、いくら良質な水があったとしても、それが田畑に灌漑できるかどうか、また、それだけの十分な量があるかどうか、というのはまた別の話である。おそらく、水への渇望感は、知多半島だけでなく、水の得にくかった日本各地の集落共通の心理だったことだろう。

雨乞いには、集落の人々の結束を固め、団結して水不足に立ち向かう意味はあったかもしれない。しかし、実際に雨が降るとも限らない。そうすると、なんとしても雨水以外の水を自力で得なければいけない。そこで、いくつかの手段が講じられ、それらが併用されてきた。

野井戸とため池

天水に頼らずに水を得る方法としてまず挙げられるのは、地下水を利用する方法である。野井戸という灌漑用の井戸が、知多半島の各地に掘られた。

地面にどんどんどんどんパイプを突いていくと、三〇メートルから五〇メートルくらいになるね。そうすると砂が出てくるわけ。(砂の層が)五メートルなり六メートルのあるところは、必ず水が出るわけ。(中略)(竹を)二〇本なり三〇本なり買ってきて、節を取ってつなぎ合わせて、砂の分だけのこぎりで目を開けて。そしていよいよ(竹を地面に)入れると、ポンプを仕掛けて。(中略)水の良く出るところだと上まで水が吹き上げるけど、だけど(土地によっては)どうしても吹き上げげんもんだからポンプを仕掛けたり、風車を仕掛けたり、そうしたものを「野井戸」と言うの。そういうのがこの辺にいっぱいあったの。

半田市のIさんは、野井戸についてこのように話す。被圧地下水でない場合は、動力で揚水をしなくてはいけない。風車というのは、風の動力によってポンプを動かす仕組みで、東浦町の生路という地域に行くと「四〇歩か五〇歩くらいあった田んぼに風車が二〇も三〇もある。どこの家でもどこの家でもみな風車が仕掛けてある」という状態だった。もっとも、『愛知用水史』(愛知用水公団総務部・愛知県農地部、一九六八)によると、昭和に入ると風車のポンプは石油発動機に取って代わったようだ。

阿久比川のような比較的大きな河川の周辺では、河川から水を引くこともあった。川の水を水路に流し、それを水田にとりこんだ。しかし、それができる場所も限られていた。そこで、重要になってくるのがため池だった。ため池は、集落共有の大きなものもあったし、個人所有の小さなものもあった。ひとつの家で、複数の池を所有していることは普通だった。Iさんはこう続ける。

「個人の池がいっくらでもあった。一町歩ぐらいある田んぼをやっとった家だと、だいたい個人の池、小さな池だよ、それをば四つ五つはみーんな持っとった。持っとらにゃ夏は農作物とれへん。

最も多くため池を持っていた家は、なんと二〇にもなるという。ため池を多く持っていると、なんとなく裕福そうに見えるのだが、実のところはその逆だった。ため池がある農地とは、水が得にくく条件のよくない農地である。「同じ農家でも、貧乏な家ほど池が多い。裕福な農家には池はない」(Iさん)という。

知多半島は、瀬戸内地方に匹敵するようなため池集中地域だった。その数は、『南知多町誌本文編』(南知多町誌編さん委員会、一九九一)によると九六〇〇、地籍図から調べた河合克己さんによると一万七〇〇〇にも及ぶという(愛知県『愛知県ため池保全構想』、二〇〇七)。したがって、大半の水田がため池から水を引くという状況が生まれた。『愛知用水史』によると、愛知用水通水前の数字で、知多半島全体のため池灌漑率(水田面積のうち、ため池によって灌漑している割合）は六八・七％であった。地区別にみるもっと高い地域があり、旧内海町（南知多町の一部）や旧大高村（名古屋市緑区の一部）では九七・〇％と、ため池がなくてはほぼ水田ができないという状況だった。

だから、ため池は命の拠り所と言っても過言ではなかった。水田に生育する稲の命という意味でもあるし、それを食べ、販売して生計を立てている人々自身の命という意味でもあった。

満々と水を湛えたため池は、多くの場合、めったに涸れることはなかった。美浜町のHさんは、その地区にある鵜の池について「ふたあつ池あるもんで、上の池が大きいから、それを下に回したりして、（全体では）枯れたことはないよ。水の量は豊富だったね」と言う。水を湛えたため池を、地域の人々は大いに頼りにしたに違いない。

水の管理

それだけ大切なため池の水は、どのように管理していたのだろうか。半田市のIさんは次のように話す。

ため池は（田植えの準備をする）四月までにいっぱいこにならにゃいかんわけ、必ず。もう四月になると下の田んぼの人たちが水が欲しい場合がある。今だと一一月までに刈り取りをするから、すると一一月から四月までに池に水をためないといかん。

ため池には必ず水を貯水しなければならない期間があった。そして、その期間の水の分配は、集落全員の重要な関心ごとだった。ため池から伸びる水路から直接引水している水田はまだよい。しかし、「田ごし」といって水田を通して灌漑している場合もあった。田ごしをしている一連の水田に、複数の所有者がある場合がある。下流の水田の所有者が根性のよくない人だと、池からの水が止まっているときでも、上の水田から水を落とそうとする。そうなれば、「おい、おまえんとこはおれんとこの田んぼからどんどこどんどこ水を落といちゃならんぞ！」と、当然喧嘩になる。このような「水喧嘩」がかつてはよくあった。

水の分配はそれほどまでに気を遣うことだったから、誰でもできるわけではなかった。池の管理は人望のある人に任せなければならなかった。しかも、水の中に潜ってイルの管理をする場合もあり、体力や運動神経に自信のある人でなくてはならなかった。美浜町のHさんは次のように話す。

そう、（イルの栓は）潜って取るの。訓練された人がいてね、何年も何年もおんなじ人がやるの。そいで、その人がもうやれんようになると、別の人に代わって……。水を出した後は、毎日水が流れるようになるだね。

このような役は、「水掛人」「水番」などと言った。先に紹介した澤田さんは、お父さんがこの役をしていたことがあるという。

夏になると、「水番」というのが付いてね、田んぼへ水を引く番をした人もいます。池があって、そのイルという栓を抜くですわね。普通の人じゃ泳がならんものですから、抜けんもんだから、そういう人に頼む。私のお父さんがやっていたこともあります。その人は、水を抜いて田んぼにだんだんと水を入れてくるだけど、いっぺんどこかのおばさんが怒ってきて（笑）、「わしの田んぼはなかなか水が入らん」と怒鳴ってきたこともあると聞いたこともあります。

薄気味の悪いため池

今では学校が禁止するけれども、ため池は、子供たちの遊び場でもあった。第三章では、名古屋市緑区の滝ノ水地区で、山清水の流れ込む水の冷たい澄んだ池で子どもたちが泳いでいたことを紹介した。知多半島出身の新美南吉も、ため池で泳ぐ子供たちの姿を童話の中に描いている。以下に引用するのは、最晩年の一九四三年に執筆された童話『疣』の一節である。近くの集落に住む松吉ら兄弟二人と、街から遊びに来た親戚が「絹池」という名前の池に遊びに行く場面だ。

大きいというほどの池ではありませんが、底知れず深いのと、水が澄んでいて冷たいのと、村から遠いのとで、村の子供たちも遊びに行かない池でした。三人はその池を盥にすがって、南から北へ横切ろうというのでした。三人は、南の堤防にたどりついて見ますと、東、北、西の三方を山で囲まれた池は、それらの山とまっ白な雲をうかべているばかりで、あたりは人のけはいがまるでありません。三人はもう、少し不気味に感じました。しかしせっかく、ここまで盥をかついで来て水に入りもせず帰っては、あまりに意気地のないはなしではありませんか。三人は裸になりました。そして土堤の下の葦の中へ、おそるおそる盥をおろしてやりました。盥がばちゃんといいました。その音があたりの山一めんに聞こえたろうと思われるほど、大きな音に聞こえました。盥の水のところから波の輪がひろがってゆきました。見ていると、池のいちばん向こうのはしまで、ひろがっていって、そこの小松の影がゆらりゆらりとゆれました。

情景の描写からは、次のような絹池の特徴が読み取れる。寂しい村のはずれの、谷戸のような地形の中にあること。周囲の植生は小さなマツであること。澄んだ冷たい水で満たされていること。子どもたちに、日常から隔絶されたような不気味さを感じさせたこと。絹池のモデルとなったため池はわからないが、まったく空想の池ではなく、知多半島にある実際のため池の様子が投影されているようだ。恐らく、南吉自身が実際に見て感じたことがもとになっているのだろう。

ため池のある場所の地形や、それを取り囲む丘陵の植生についてはすでに説明をした。ここでは、なぜ松吉たちが「不気味に感じ」たのかを考えてみることにしたい。それを考えることは、取りも直さず、人々がため池へ抱いていた感情の機微を知ることにつながるからだ。

まず考えられるのは、人気のまるでない寂しい場所だからだろう。特に小さなため池の場合、谷戸の谷頭のような奥まった場所にある。もし何か起こっても、誰も気づいてくれないかもしれない。そんな不安が頭をもたげる。第一章で書いたように、ため池では往々にして事故が起こりやすい。溺れるというような事故はよくあったはずだ。しかし、溺れることは、その人や家族にとって決して軽いことではないが、まだ平和な出来事だと思ってしまうような事件も、ため池ではしばしば起こる。人目に付かない場所だから、様々な事件がこうした場所に引き寄せられてしまうのだ。

現代においても、ニュースを見聞きするにつけ、陰惨でぞっとする事件の多くがため池で起きているように感じる。気の進まない作業だったが、思い込みではないことを実証するため、朝日新聞の記事で検証してみた。二〇〇〇（平成一二）年から二〇一四（平成二六）年までの一四年間の記事データベース（聞蔵Ⅱ）の中で、「ため池」を含む記事数は総計三六八八件あった。そのうち「遺体」を含むものが二〇八件あった。報じられた内容を見てみると、「車ではねた遺体をため池に遺棄した」「失踪した議員がため池で白骨化して見つかった」「親子が乗った車がため池から見つかり、無理心中の疑いがある」「窃盗犯がため池で変死していた」といったものがあった。同じ事件を取り上げた記事が複数あるから、それがそのまま事件の数とは言えないが、ため池に関するニュースの実に五・六％がこうした悲しい出来事なのである。

私自身が経験した学生時代の出来事をひとつ紹介しよう。山歩きのサークル活動で、愛知県某所の山の中の遊歩道を歩いていた。気軽なハイキングができる人気のコースである。しかし、そのコースの各所に「失踪人の情報を求む」という張り紙がに貼ってあるのが異様だった。楽しい思い出に紛れ、その後このことは忘れていたが、しばらくしてその失踪人が遺体で見つかったというニュースを耳にした。そして、恐ろしくなった。なんと、ハイキングコースの休憩地点である、ため池のそばに遺体が埋められていたというのである。私たちが、そこでお茶を飲み写真を撮って時間を過ごした場所だ。私はその後一時期、何かを見てしまうことがあるのではないかと、ため池の現地調査が怖くなった。

『知多のむかし話』（吉田・河和小学校、一九七九）に「青山池の怪」という民話が採録されている。美浜町奥田のある青年が、金持ちの庄屋への婿入りを成就させるため、交際相手を騙して無理心中を持ちかけ、青山池に溺れさせて殺害する話である。その後、舞台はいきなり現代に飛ぶ。青山池ではおかしなことがよく起こるという。物語には、青山池の近くでタクシー運転手が幽霊らしき女性を載せた話や、その後高熱を出した話、付近で交通事故が多発する話などが、再話を行った中学生の目で綴られている。

青山池は今でも周囲が森林に囲まれた人気のない場所だ。県道が池の横を通るが、夜は交通が途絶えがちになる。そうした雰囲気と、本当にあったかどうかわからない過去の言い伝えが相まって、現代に都市伝説を生み出しているのだろう。「絹池」に話を戻すと、そのような不安を煽る伝承がその池にあったかどうかは、物語に書かれていない。しかし、人気のない、種々の危険性を孕んだ場所であることは確かであり、本能的に恐怖心が刺激されるということはあっておかしくないだろう。

しかし、私は他にも不気味さを感じた理由があるように思う。それは、本来は近づいてはならない場所へ踏み入れた——つまり禁忌を破ったことに対する怖れである。

池の主たちとの交流

近世史が専門の青木美智男さんは、論文「近世尾州知多郡の自然景観と「雨池」民話の生成」(一九九六)の中で、知多半島の民話に「雨池」(近世文書ではため池のことを雨池と書いた)に関わる話が多いこと、それらでは近寄りがたい恐ろしい場所として「雨池」が描かれていることを指摘し、その理由として、生産設備として高度に重要な場所であったから子どもたちを周辺に立ち入らせないためであると考察している。

たとえば、この論文では東海市の民話「大里のミズヒキ友さ」が資料として引用されている。ミズヒキとは先に紹介した水番のことで、水番の「友さ」の武勇伝がこの物語の中心だが、その冒頭はこんな描写で始まる。

（東海市にある大池は）昔は背よりも高いかややすすきにすっぽりおおわれた山合いの池だった。ことに夏など、池にいく畦道には、蝮《まむし》がうようよいた。また、池の水は、年中青々として深い川の淵のように澄んでいて、かえってうす気味の悪い所だった。池には大蛇がすんでいるということでだれも泳ぐものはいなかった。（出典：『東海市の民話』）

人里離れたため池にもともと備わった景観を、少しおどろおどろしく描いた印象である。誇張はしているだろうが、途中までは特におかしなことはない。しかし、そうした描写のあとで突如として「大蛇」が登場するので面食らう。この大蛇とはいったい何者なのだろうか。単に、子供たちを脅かし近寄らせないための、案山子のような存在だとも思えない。

河合克己さんの研究によると、愛知県内のため池にまつわる民話を調べると、少なくとも二〇九話があるという。このうち、池の主として蛇が描かれている民話は四二、竜が描かれている民話は一八である（河合、二〇〇七）。ほかに、水蜘蛛と呼ばれるクモが池の主というものもあるが、愛知県では、池に主として蛇（大蛇）または竜が住んでいるとする考えが普遍的に存在するようだ。

こうした民話を二つほど引用してみよう。

「二ツ池の竜」　大府市北崎町の二ツ池には竜が住んでいると語り継がれ、目撃者も多数いた。日照りが続いた年、天焼きを行っても降雨が見られないため、池の主である竜に頼むことにした。日照りが続いても水を湛える池に、竜の好物であるおこわを供えると、たちどころに激しい夕立が降りだした。（出典：『続・知多のむかし話』）

「加世端池の大蛇」　知多市八幡にあった加世端池（現在は佐布里池として拡張）には大蛇が住むと語り継がれてきた。池の近くで、昼なお暗く追剥ぎが出るような不気味な場所を通っていたある人が、大木を跨いだところ、それが動き出して池の中に姿を消した。その人は高熱を出して寝込んだ。また、ある日の夕方、水番がふと池の中を見ると、大きな蛇が月の出を楽しむかのように泳いでいた。（出典：知多市ホームページ）

竜は、映画『千と千尋の神隠し』に登場する川の化身「ハク」の姿で知られるように、日本各地で水の神様として知られている。また、蛇も水神の化身とされることがある。どちらも灌漑設備であるため池にふさわしい。

二ツ池の竜も、加世端池の大蛇も、集落の人々から怖れられてはいる。しかし、積極的に人を襲うような恐ろしい生物では決してない。ある意味では集落の人々に親しまれ、干ばつなどの非常時に及んでは、人々を助けてくれもする。こう考えると彼らは、第二章で紹介した里山におけるキツネに相当するような、ため池への畏怖や感謝の念が具現化された、心象風景の中の守り神なのだろう。

キツネは現実の森にみられる動物であるが、竜や大蛇は心の中に住む生物である。そこで気になるのは、実のところ彼らは何だったのかということだ。二ツ池の竜が村人の目に触れたときの状況を物語から抜き出すと、「日が暮れて雨が降り出したとき」「雨の降り始めた夕方」「夕立の豪雨時」などである。また、加世端池の大蛇は、「薄暗い池のそばの道」「夕方月の出るころ」に目撃されている。いずれも、キツネが人を化かすときと同じように、周囲がぼんやりとしか認識できない状況だといえる。こう考えると、本当にうねるように横たわっていた大きな木だったのかもしれないし、水辺に好んで生息する大きなシマヘビが、恐怖から幾回りも大きく見えたのかもしれない。加世端池の大蛇を見た人は高熱を出したと伝わるけれど、もともと熱があって朦朧としていたので、倒木が動いたように見えたのかもしれない。

東海市に伝わる民話「まや」は、ため池を泳いでいた子どもが「まや」と呼ばれる深い部分に差し掛かったとき、「つめてえものが押し寄せてくる気配」を感じ、「まやの底で魔物がうごいとる」と思ってパニックになる話である（東海市の民話執筆委員会『東海市の民話』、一九九二）。先に紹介した『百姓伝記』が記すように、池の水は深いところほど水温が低い。特に暑い夏には、日の射さない深い部分に、比重の違いから上層の暖かい水と混じり合わずに留まる冷たい水の塊が存在する場合がある。この冷たい水の層が、手足をバタつかせた勢いでかき乱され、まるで魔物が迫りくるように体を包んだのだろう。こうした経験も、竜や大蛇の存在を意識させる原因になっていたのかもしれない。

しかし、ため池を常に見守る水番もいなくなり、周囲も開けて明るくなった現在、竜や大蛇の生息するため池はおそらく少なくなったことだろう。彼らこそレッドリストに掲載しないといけない生物だ。

再生の象徴としてのため池

知多半島から地質的・地形的に連続する、名古屋市東部の丘陵地にも多くの灌漑用ため池が存在している。その一つに、名古屋市千種区の上池がある。名古屋圏に住む方には、東山動植物園の中にあるボート池と言ったほうがわかりやすいかも知れない。

このボート池には、名古屋近辺では大変に有名な都市伝説がある。この池の手漕ぎボートにカップルで乗ると、必ず別れることになる、というものだ。二〇一五（平成二七）年二月八日付の朝日新聞名古屋本社記事によると、かつて愛知県民一五〇人にアンケートを行ったところ、四人に三人が噂通り別れてしまったカップルが身近におり、過半数の七八人が恋人とはボートに乗らないと答えたらしい。バカバカしいと片づけられないくらいの、筋金入りの伝説だ。

この都市伝説のルーツは、江戸時代の読本《よみほん》（奇紀伝小説）に求められる。その内容はこうだ。上池には昔、竜が住んでいて信仰を集めていた。病気で母親を亡くした娘が池の傍で悲しみに暮れていると、竜が現れる。そして、悲しみを忘れるという霊水を娘に手渡す。これを飲んだ娘は、元気を取り戻して立ち直った――。この物語の「悲しみを忘れる」という部分が、いつの間にか「人間関係を清算する」という風に変わってしまったのが、例のボート伝説の始まりなのだそうだ。悲しみを忘れる霊水という存在は、いかにもミステリアスで、どうしてもここに注目してしまう。しかし私は、この伝説で注目すべきは、霊水そのものではなく、娘がため池の主と接点を持ったことで、前を向いて生きていくチャンスを得たことなのではないか、と考える。主題はずばり「再生の象徴としてのため池」だ。

こう考えるのは、郷土の民話に様々な影響を受けて創作された新美南吉の童話の中に、ため池がそのような存在として登場するからだ。第一章で紹介した『和太郎さんと牛』の和太郎は、思いがけずため池と接点を持ったことで、未来を託す息子を授かる。ため池が再生の象徴として登場する作品は、他にもある。

たとえば、『うた時計』がその一つだ。実家から高価なうた時計をくすねるような不良の男が、道すがら、人を疑うことを知らない少年と出会い、改心する話である。この男が改心する場面に、ため池が登場する。

ふたりは大きな池のはたに出た。むこう岸の近くに、黒く二、三ばの水鳥がうかんでいるのが見えた。それを見ると少年は、男の人のポケットから手をぬいて、両手をうちあわせながらうたった。

「ひィよめ、
ひよめ、
だんご、やァるに
くウぐウれッ」

この「ひよめ」というのは、カイツブリというため池に生息する水鳥である。この池を通り過ぎ、道が二手に分かれるところで男と少年は分かれる。男はくすねた時計を少年に手渡し、返してもらえるように言う。青年が改心した直接の原因は、少年の無垢な心に触れたことだ。しかし、その舞台がため池のそばというのが示唆的である。

ため池が、未来へ向けた再生の場であることが、よりはっきりと描写されているのが、『おじいさんのランプ』である。

『おじいさんのランプ』は、ある見方をすれば、実家が下駄屋だった南吉らしい、経営マネジメントの教訓を伝える話だ。主人公の巳之助は孤児だったが、たまたま人力引きの手伝いで訪れた大野の街で、文明の明かりともいうべきランプに出会い惚れ込む。その場でランプ商となった巳之介は、自らの才覚で商売を拡大し、一家を構えて妻子を養うまでになる。しかし、時代の波は容赦がない。ランプに代わる電灯が巳之助の村にもやってくる。巳之助は一時冷静な考えを失い、電灯の導入を決めた区長を逆恨みして屋敷に放火しようとする。しかし、たまたま手にしていた古い火打石が使えない。そこで、「古いものは新しいものに取って代わるべきだ」と目が覚める。そして、幻想的なクライマックスを迎えるが、その舞台は実在する「半田池」というため池である。少し長くなるが、引用してみよう。

道が西の峠にさしかかるあたりに、半田池という大きな池がある。春のことでいっぱいたたえた水が、月の下で銀盤のようにけぶり光っていた。池の岸にははんの木や柳が、水の中をのぞくようなかっこうで立っていた。

巳之助は人気のないここを選んで来た。

さて巳之助はどうするというのだろう。

巳之助はランプに火をともした。一つともしては、それを池のふちの木の枝に吊した。小さいのも大きいのも、とりまぜて、木にいっぱい吊した。一本の木で吊しきれないと、そのとなりの木に吊した。こうしてとうとうみんなのランプを三本の木に吊した。

風のない夜で、ランプは一つ一つがしずかにまじろがず、燃え、あたりは昼のように明かるくなった。あかりをしたって寄って来た魚が、水の中にきらりきらりとナイフのように光った。

「わしの、しょうばいのやめ方はこれだ」

と巳之助は一人でいった。しかし立去りかねて、ながいあいだ両手を垂れたままランプの鈴なりになった木を見つめていた。

ランプ、ランプ、なつかしいランプ。ながの年月なじんで来たランプ。

「わしの、しょうばいのやめ方はこれだ」

それから巳之助は池のこちら側の往還に来た。まだランプは、向こう側の岸の上にみなともっていた。五十いくつがみなともっていた。そして水の上にも五十いくつの、さかさまのランプがともっていた。立ちどまって巳之助は、そこでもながく見つめていた。

ランプ、ランプ、なつかしいランプ。

やがて巳之助はかがんで、足もとから石ころを一つ拾った。そして、いちばん大きくともっているランプに狙ねらいをさだめて、力いっぱい投げた。パリーンと音がして、大きい火がひとつ消えた。

「お前たちの時世はすぎた。世の中は進んだ」

と巳之助はいった。そしてまた一つ石ころを拾った。二番目に大きかったランプが、パリーンと鳴って消えた。

「世の中は進んだ。電気の時世になった」

三番目のランプを割ったとき、巳之助はなぜか涙がうかんで来て、もうランプに狙ねらいを定めることができなかった。

――巳之介が長年親しんだランプと決別する場として、ため池を選んだ理由は何だろうか。

心の整理をするため、人気のない場所でランプと向き合う時間を過ごしたかったということが、まずあるだろう。「池のこちら側の往還」は、巳之介が最初にランプと出会ったときに通った道であり、そこは仕入れのために頻繁に往来した、彼の人生の苦楽がすべて詰まった道でもある。

物語の作者の立場からみれば、クライマックスを盛り上げるために用意する舞台として、夜の水面に写る無数のランプという情景は、これ以上のものはない。しかし、それだけではない。ため池という場が、過去と決別し、未来へ歩み始める場所として相応しいと、もしかしたら、考えたのかもしれない。実際、巳之介はその後、本屋に転業して成功する。

それではなぜ、ため池は未来へ向けた再生のシンボルとなり得るのだろうか。それは、ため池が里地里山での暮らしを保障する施設だからである。日照りの年に、干上がりそうな水田を維持させるための最後の命綱がため池なのであり、ため池があるからこそ水田は実りの秋を迎えることができる。少しくらい何かがあっても、再生を約束してくれる底知れない力がため池に宿っている。こうした意識がため池を灌漑に用いる人々に共通して存在していたとしてもおかしくはない。

先に取り上げた「二ツ池の竜」はそれを直接的に取り上げたものだろう。一方、上池の霊水の物語は、本来水田に施されるため池の再生を約束する力が、人の心にも施されたという話ではないだろうか。あるいはそのまま、悲しみに暮れる娘が、将来的に実りをもたらす水田のメタファーとして扱われているのかもしれない。南吉も、こうしたモチーフを意図的、あるいは潜在意識下に『和太郎さんと牛』『うた時計』『おじいさんのランプ』といった童話に織り込んだのではないか。

東山動植物園のボート池に話を戻そう。相手を失望させるほどボートを漕ぐのが下手でない限り、ため池の霊力を得るためにボートに乗るべきである。特に、ぎくしゃくして別れそうになったカップルには、この池が最高の「未来への再生」を約束してくれるはずだ。

池の幸

命の源としてのため池を地域の人々が実感する機会は、なんといっても田畑の収穫の時だろう。しかし、もう一つ、命の源としてのため池を実感する機会があった。それは、「池さらえ」「池はしゃぎ」、あるいは「池干し」と呼ばれる、数年に一回水を抜く行事だった。池さらえは、ため池のメンテナンスの一環として、水草や溜まった土砂などを排除する作業である。しかし、この行事の醍醐味は池の掃除そのものにあるのではない。「カイドリ（掻い取り）」とか「ヨイドリ（酔い取り）」と呼ばれる、池に住む魚をはじめとした生物資源の採取にこそ、最大の楽しみはあった。「それぞれのため池（で池さらえをするの）は、何年かに一回だが、『星名池にあるげな（あるそうだ）』『浜池にあるげな』とか近所にいろいろため池があるから、合計すると（地域全体で）年に数回あった」（半田市のTさん）というように、池

愛知県知多市におけるかつての池さらえの様子。大勢の人が集まっている。(知多市歴史民俗博物館提供)

さらえはかつての知多半島で日常的に行われていた。

池さらえの知らせは、市報あるいは隣組の回覧板で回ってくる。それを見た住人は、続々と池の周りに集まってくる。子どもだけではなく、大人も楽しんだ。『阿久比町誌資料編八(民俗)』によると、できるだけ多くの人に参加してもらえるように週末に行うことが多く、他の池となるべく重ならないようにも気を遣ったという。

水を抜いて、大勢が入って四つ網、大たもで魚をすくうから、泥水になって、魚がふわふわっとなってきて、それをみんなで獲る。大人はお金を取られる。子供は無料。帽子に「金を払った」というひらひらした印を付けて、時間が来ると、「それーっ」とみんながだーっと入ってくる。そうすると、みんながさばきかえすから、鰻をきゅっきゅっと獲る道具があるから、そういう人はそういう人で鰻を獲るし、網ですくう人もいるし、ぐっと大きなフナを捕まえたりね、いくら払ったかは知らないけれど、かなり価値があったと思うよ。そのたびに、子供が何人おるか知らないけれど、池の回りにずらっと並んで、籠持ってきて、籠いっぱい獲ってきていた。

よほど楽しかった行事なのだろう、Tさんはあたかも先週行われた行事のように臨場感たっぷりに話した。池にいる多種多様な生き物を見て、地域の人々は命の源としてのため池を改めて実感しただろう。

採った魚はどうしたのだろうか。Tさんは、人間が食べることは稀で、大概ニワトリの餌にしたという。しかし、半田市の間瀬さんの家では、フナを丸ごと焼いて、それから煮て食べたという。それは泥臭く、毎日弁当で食べさせられた娘の藤井さんは「悲劇だった」と語った。池さらえは、一九六〇年頃から行われなくなる。しかし今日、池の外来生物の駆除や、生物相の調査を目的として、しばしば池干しが行われるようになっている。

3　ため池はどうして消えたのか?

変わりゆくため池の姿

尾張地方のため池が迎えた大きな転機は、一九六一（昭和三六）年の愛知用水の通水であった。豊富な木曽川の水を取水して、水に飢える知多半島へ水を引くという大事業が成し遂げられると、ため池はこの用水の一時貯留池として使われるようになった一部を除いて、多くが不要となった。そして、潤沢になった水資源を背景として、追い打ちをかけるように圃場整備が次々と行われるようになる。ため池の役割や慣習について教えてくれた半田市のIさんは、圃場整備に伴って地域内の池を「五〇や六〇はつぶいたぞ」と話す。このようにして、ため池は次々と減少していった。

これは、知多半島に限った話ではない。農林水産省の資料を用いて、一九五二（昭和二七）年～一九五四（昭和二九）年と、一九八九（平成元）年のため池を比較した内田和子さんの研究によると、この間に、およそ七万六〇〇〇の池（一九五二年～一九五四年の二六・二％）が消滅した。特に、受益面積が五ヘクタール未満の小さなため池の減少率が大きく、また、地域別に減少率を見ると、神奈川県では八九％、東京都では八一％がなどと、ほとんどのため池が消滅してしまった地域もある。

残されたため池も水質の悪化や周囲の土地利用の変化を経験し、また、護岸なども進んで、従来の環境とは大きく異なるものになっている場合も多い。この結果、ため池の生物にも深刻な影響が生じている。ため池が集中する地域のひとつである、兵庫県東播磨地方のため池の事例では、一九七九（昭和五四）年～一九八三（昭和五八）年に全く水草が見られなかったため池は五か所にすぎなかったが、一九九八（平成一〇）年～一九九九（平成一一）年に調べてみると二七か所に増えていた。また、わずかしか水草が見られないため池が多くなり、たくさんの水草が生育している場所は激減した（石井・角野、二〇〇三）。この傾向は、木曽三川流域のため池でも同じだ。たとえば一九六五年に確認されたガガブタという水草の自生地数を一〇〇とすると、一九七五年には八五、一九八五年には四四、一九九五年には三〇と年を追うごとに減少していた。減少の原因を推察すると、富栄養化、堰堤などの改修、埋め立てなどであった（浜島、二〇〇八）。

ため池の数が減少し、環境が変わっていることは、このような分析的な説明をしなくとも、里地里山に触れている人たちは大いに実感していることである。私が大切だと感じたのは、一歩進んで、どこで、どのようなため池が消滅しているのか、という消滅のプロセスを突き止めることだった。減少するため池には確かに傾向があって、これを明確にすることで今後の保全へと役立てることができる。この節では、この問題の一端を明らかにした、知多半島の中部におけるため池の悉皆調査を紹介しよう。

おびただしい小さなため池

ため池の調査をはじめた直接のきっかけは、学生時代に履修していた「歴史地理学演習」というゼミでの担当教員の言葉だった。近世の地誌書に記された膨大な村のデータを地図化して分析するという研究をされていた先生はある時、「君たちも一定量のデータをわーっ！　と分析するようなことをしてみるとおもしろいよ」と、おっしゃった。一定量のデータと聞いて、私は、里地里山を歩くと必ず見るため池を思い浮かべた。いったいどれくらい数があるか知らないが、近世文書の研究のように分布図にして、その分布や環境を検討してみると面白いかもしれない、と思った。

しかし、地域のため池を網羅的に把握したデータというものは果たしてあるのだろうか。文献や資料を漁ってみると、「ため池台帳」というものが役所で作られていることがわかった。そこには、所有者や貯水量などの各種のデータが掲載されているという。さっく、愛知県の知多農林水産事務所に行って聞いてみることにした。すると、知多半島全体で一〇〇〇を超えるため池があるのだという。一〇〇〇とは凄まじい数だ。研究初心者がすべて分析するのは手に負えなさそうなので、ひとまず半田市と隣接する阿久比町に絞って調べてみることにした。都市化が比較的進んだ半田市と、まだ農村としての色合いを残す阿久比町とを併せれば、地域を代表するデータになると考えたからだ。

入手した台帳の正式な名称は『農業用ため池台帳』という。愛知県農地開発事務所が一九九八（平成一〇）年にまとめたもので、調査を始めた二〇〇一（平成一三）年の時点で最新のものだった。まず、手始めにため池の数を数えてみると、半田市に一〇五個所、阿久比町に一六二個所の合計二六七個所であった。

続いて、各ため池の位置を、役所から入手した大縮尺の地形図（都市計画図）の上に落してゆく。この作業はなかなか骨が折れた。所在地は緯度経度ではなく、小字までの住所で示されている。「半田池」のように地域に住んでいれば誰でも知っている大きな池ばかりならばよい。しかし、なじみのない小字にある小さなため池となると一筋縄にはいかない。そのような池は、一万分の一というかなり大きな縮尺の地図上でも、小さな点としか描写されていないのだ。それがおびただしい数ある。さらには、あまりに小さすぎて省略されてしまったのか、あるいはすでに消滅してしまっているのか、地図に表されていない池もしばしばあった。

出来上がった手作りのため池分布図を見ると、ほとんどのため池は、丘陵地に開析された谷戸の中央部または谷頭部に位置していた。一方、一部の例外を除いて、干拓地や平野部、阿久比川や神戸川といった大きな谷には存在していなかった。しかし、よく見ると丘陵地であるにもかかわらず、池がなかったり、まばらだったりする地域もあった。

続いて、個々のため池の情報を分析してみることにした。

二六五のため池の貯水量の中央値は、一〇〇〇立方メートルであった。台帳を見ると、極端に数値が大きな池もあった。たとえば半田市の七本木池は三一万三〇〇〇立方メートル、半田池は一九万四〇〇〇立方メートルである。しかしこれらは例外で、三〇〇立方メートルしか貯水しない池も三四個所（一二・七％）あった。小学校の標準的なプールの容積が三六〇立方メートルほどだから、それより少ない水量しか貯められない池がこれだけあるということだ。

満水面積も同様で、台帳上の最小値である〇・一ヘクタールの池が過半数の一六六個所（六

護岸のない小さなため池。2001年頃、愛知県阿久比町。

二・二％）を占めていた。実際にはもっと小さな池が多いということだろう。ともかく、この二つの数値から、知多半島の池はものすごく小さなものが多いということがわかった。実際に踏査してみると、最も小さいため池などは、ぴょんと飛び越えられそうな大きさのものもあった。

では、受益面積（灌漑している面積）はどうか。やはり、最大でも六三ヘクタールで、一ヘクタール以上は二一・三％しかなかった。そして、驚くべきことに受益面積が〇、つまり灌漑用として使われていないため池が一七五個所（六五・五％）も存在したのだ。後日談になるが、こうした受益面積のないため池を、追って発表した論文で「死にため池」と記述したら、ため池を研究する先輩から「そんな表現を使うのは悲しい。ため池を愛する人の言葉とは思えない。やめてほしい」と強く抗議された。しかし、言葉の選び方はよくなかったが、そう表現したくなるほどこの事実は衝撃だった。

最後に、所有者をみてみる。ため池の所有者は実に多様だった。個人単独、個人の連名、組（管理組織）、農協、国、市・町などの自治体、神社、区や大字、企業などがあった。その中でも圧倒的な割合を占めたのがは個人（六二・五％）。次いで、市・町が一四・二％、神社が七・九％であった。神社というのは意外だが、神事に使う池というわけではない。愛知県知多農林水産事務所によると、地租改正の際に、集落共同だった池を登記する際に、集落の神社のものとしたということだった。また、市・町が多いのも同様の理由だろう。こうした経緯をみると、大規模な池は神社を含めた公的性格の組織が持ち、小規模な池は個人所有が多いと考えられる。果たして、一万立方メートル以上のため池では、個人所有は一一・六％に過ぎなかった。

こうして台帳を分析すると、個人所有の小さなため池が多いという、知多半島のため池の特色が浮かび上がってきた。これは、先に記した「一家に四つも五つも所有する池があった」という聞き取りと大変に整合的である。しかし、不思議なことも多い。六割ものため池に灌漑面積がないとは一体どういうことだろう。また、地図に掲載されていないため池があることや、分布の偏りは何によって生じているのだろう。これを明らかにするには、実際にため池を確認しなければならない。そこで私は、一念発起して、台帳掲載の二六七のすべてのため池を見に行くことにした。

消えたため池の特徴

ため池の悉皆調査は、主に二〇〇一（平成一三）年から二〇〇二（平成一四）年にかけての冬のシーズンに行った。まず、台帳に記載のある池があるのかないのか。消滅しているのであれば、理由は何か。これを調べて歩くことにした。

調査はなかなか能率が上がらなかった。効率とスピードを考えて、自転車での踏査だったが、時期的に季節風との戦いであった。知多半島ではこの時期、時に台風並の乾いた北西風が吹き荒れることがある。北へ向かって走る場合は、スピードがまったく上がらず、遅々として進まない。能率が上がらない理由は他にもあった。先述したような地図にないため池は、ほとんど勘で見つけるより他ない。勘が働かない最初のうちは、ため池を見つけるだけでものすごく時間がかかってしまった。しかし、調査を重ねてゆくと一日に二〇前後のため池を訪ねることができるようになった。

しかし、最も苦労したのは藪漕ぎだった。阿久比町の小さなため池が集中する地区などは、数時間の決死の蔽漕ぎ（大袈裟だけど、実際に背丈以上もある笹薮から脱出できずに真剣に遭難を考えたこともあった）の結果、消滅していたことが判明するというようなことの繰り返しで、気分が萎えてくる。こういうこともあって、なるべく薮が少しでも大人しい冬の間に調査を進める必要があった。

さて、調査の結果に話を戻そう。「台帳上のため池は果たしてすべて存在しているのか」と

荒れて貯水できなくなったため池。2001年頃、愛知県知多半島。

いう疑問への回答は否、五五個所が消滅していた。つまり、台帳にあったため池の二〇・六%が何らかの理由で消えたのである。仮に、一九九八年の台帳作成時にはすべて存在していたとすれば、凄まじい消滅のスピードと言える。ちなみに、ひどい厳の中で容易に近づけない、近づくことが危険を伴う、などの理由で存在するかどうかを確認できなかったため池も相当あった。これは、全体の九・二%にあたるため池で、その状況から考えてこの大半が消滅していると考えられるから、実際には消滅したため池はもっと多いと考えられる。

さて、消滅したのは、どのようなため池であったか。台帳上のデータを参照すると、貯水量や灌漑面積が小さい池ほど、消滅した割合が高かった。貯水量一〇〇〇立方メートル未満のため池の消滅率は二八・一%、灌漑面積のないため池の消滅率は二五・七%といずれも全体より高くなっていた。したがって、個人所有のため池も消滅率は高く、一方で神社や行政などそれ以外の所有のため池では九・七％しか減少していなかった。

どのような理由で消滅してしまったのか。消滅の理由は、二つに大別することができた。

第一は、直接的な破壊である。第二章でお話ししたように、道路拡幅・宅地造成・圃場整備に伴う土地改変で、地盤もろとも削られてなくなったものも少なくなかった。そこまで大掛かりではなくても、埋めたてて宅地や資材置き場、産廃処理場などになっていたものもあった。これが消滅したため池の四七・二％であった。

第二は、ため池や周囲の里地里山に手が入らなくなった結果、荒れて貯水機能を果たしえなくなってしまったことである。実際の例としては、池の中に土砂堆積したもの、堰堤が破壊してしまったもの、何らかの理由でしばらく水が貯められておらず、底部が植生で被われてしまったものなどがあった。こうしたものが消滅したため池の五二・七％であった。この第二の理由は、ため池調査を困難にさせていた藪漕ぎと大いに関係があった。管理が行われなくなったため池の堰堤や周囲には、ケネザサ・セイタカアワダチソウ・ノイバラ・ススキ・クズなどが侵入して藪になる。したがって、調査時点で池が辛うじて残っていた場所であっても、この状態が続けば早晩消えてなくなってしまうのでは、と思われた。

土地改変などの直接的な破壊は、世間の注目を集めやすい。しかし、実態としては、人知れず、ひっそりと荒れ果てていくため池が、直接的な破壊と同等かそれ以上存在するということが、この調査から浮かび上がってきた。

里山がため池消滅の最前線

消滅しやすいため池のタイプと、その理由は明らかになった。では、どんな場所でため池は消滅しているのか。今度は、ため池の消滅という現象を、面としてとらえて分析してみることにした。

分布図を作成した時点で、ため池の分布が偏っていることがわかっていた。もちろん、もともとの土地条件が関係している場合が多かったが、地図を眺めていると、ため池の消滅しやすい土地利用があり、それが分布の偏りを引き起こしているようにも見えた。そこで、五〇〇メートル四方のグリッドで地図を区切り、その中の土地利用分類して、ため池の消滅状況と照らし合わせてみることにした。土地利用は「未整備農地」「整備農地」「用途混在地」「工業地」「宅地」の五つに分類することにした。「未整備農地」と「整備農地」はいずれも農地が卓越している場所だが、圃場整備の有無を基準に分けた。また、「用途混在地」は農地が卓越するのか宅地が卓越するのか判然としない、土地利用がごちゃっとしている場所だ。多くは農地の間に無秩序に開発が行われようとしている場所で、地理学の用語ではスプロール地域と呼ばれる。

まず、ため池の数を比較してみると、最もため池が多かったのは「未整備農地」で一つのグリッド内に平均して四・一か所のため池があった。続いて、「用途混在地」が一・四か所、「整備農地」が〇・六か所、「宅地」が〇・四か所という順番だった。なお、大部分が海沿いの埋め立て地である「工業地」にはため池はなかった。

この結果は実に示唆的で、同じ農地でも圃場整備が行われると、単純計算でため池の七か所に六か所が潰されてしまうということがわかった。「宅地」も多くの部分が里地里山（未整備農地）だったと思われる場所に成立していることを考えると、そこにあった多くのため池がすでに消滅したものと思われた。「整備農地」や「宅地」では、貯水量の大きなため池の割合が大きいこともわかった。つまり、すでに明らかにしたように、小さなため池から消滅していくということがここでも示された。

では、減少率はどうであったか。意外にも、「宅地」や「整備農地」の減少率は低かった（六・八％と一四・七％）。おそらく、「宅地」・「整備農地」では粗方消滅は済んでしまったのだろう。こうした土地利用に現存するため池は、愛知用水の調整池として維持されたり、公園などに親水や修景のために用いられている大きな池だから、容易には無くなりにくい。一方、最も減少率の高い土地利用は、「用途混在地」（二八・三％）で、「未整備農地」（二一・一％）がこれに続いた。開発圧の強い「用途混在地」の消滅は説明するまでもなく理解しやすい。注目すべきは、伝統的な里地里山の景観が残る「未整備農地」でも消滅が進んでいることだ。つまり、地図に現れる景観としては里地里山の形を留めているけれども、現実には手が入らずに荒れ果てたり、埋め立てられたりしている池が多いということである。

このような場所の小さなため池には、希少な水辺の生き物たちが住んでいることが多い。なぜなら、森林や水田と隣接している上に、護岸されていることが稀で、多くの生き物たちにとって居心地のよい場所だからだ。したがって、消滅した場合の地域の生物多様性への影響は、都市内のため池の消滅より深刻だ。

目下、ため池の保護を考えるならば、「未整備農地」すなわち里地里山の中にある、小さな池にターゲットを絞るべきだろう。そして、生き物の移動を考えて極力「ため池群」として地域内の複数の池を一度に保全することが望ましい。ところが、残念なことに、こうした小さなため池を保全しようという動きは見られない。ため池は近年、灌漑用とは別に、先に挙げたような防災・修景・親水といったいわゆる「多面的機能」が注目されるようになったが、大きなため池が中心である。小さなため池が果たす役割に、もっと注目があつまってもよい。

第五章　現代の私たちにとっての里山

1　里山を保全する意味

里山は生物オタクのためのフィールドか

里地里山の話を締めくくるにあたって、考えておきたいことがある。それは、多くの人たちが里地里山に関心を持つにはどうしたらよいか、という問題だ。今や、里地里山の保全と活用は社会的な課題である。一部の人だけで進めていくのではうまくいかない。しかし、社会全体からみると、里地里山に関心を寄せる人はまだ少数派だ。「そんなことないよ。里地里山は結構なブームだ」と思う方は、きっとご自身で里地里山に関わる活動をしておられるのではないだろうか。興味関心のある人たちと頻繁に話をしたり、活動をしたりしていると、周囲が里地里山の話題に溢れるから、つい社会の関心が盛り上がっているように錯覚してしまいがちだ。残念だけれど、現実はもう少し厳しい。

同じく社会にとって重要な課題である防災とは対照的だ。防災は、ほとんどの人が自分や家族の安全に直接関わることだと感じている。社会的な関心は高く、その課題に熱心に取りくんでいる人やグループに対しても距離を感じにくい。いざ自分がそうした活動に参加しようと考えたとき、とくに抵抗もなく関わっていける。ところが、里地里山の問題については、自分や家族に直接かかわる問題、差し迫った問題だと感じにくい。少しぐらい身近な地域から里山が減ろうと、生き物が居なくなろうと、現代社会に生きる私たちがすぐに困窮することは稀で、その重要性に気付きにくいからだ。だから、里地里山を何とかしたいと活動している人たちは、公益的な活動をしているというよりも、物好きの集まりと見られてしまうことさえある。

里地里山を保全しようという人の多くは、生物オタクか、そうでなければ懐古主義者だ。彼らはきっと、自分たちのフィールドを守りたいがために、里地里山を守れと主張しているのだ。なぜ、人の個人的な趣味や郷愁に付き合う必要があるのか。そもそも、無価値なものにどうして金と労力をかけるのか。もっと差し迫った社会的課題はいくらでもあるのに——。多少誇張して書いたが、大学などで里地里山に関する講義を行うと、しばしば聞かれる意見の代表的なものだ。

こうした意見が現れる原因は、いくつかあるように思う。

その一つは、「里地里山は素晴らしい」という主観的な好みと、客観的な保全の必要性がないまぜになったまま、保全の訴えかけが行われる場合がしばしばあることが挙げられるだろう。国木田独歩が『武蔵野』を著述したように、あるいは写真家の今森光彦さんが躍動感あふれる多くの里地里山の写真を発表しているように、里地里山に美しさや素晴らしさを感じる人が、そのことを様々に表現していくことは大切なことだ。そうした作品に触れることが、里地里山を知る入り口になっていることは、言うまでもない。第一章に書いたように、私を里地里山の世界に誘ってくれたのは、野の花の写真集だった。

しかし、間違えてはならないのが、里地里山は美しいから大切なのではないということだ。ましてや、それを美しいと思う人、素晴らしいと感じる人のために里地里山があるのではない。里山に対する感情や好みと関係なく、すべての人にとって里地里山は大切なものだ。だから、保全を主張するのであれば、社会的で客観的な重要性を根拠に、冷静に訴えていかなければならない。

もう一つの原因は、里地里山というと、とかく生き物の多様さ（生物多様性）ばかりが強調される点にあるだろう。生物多様性は、人類の存続や文化の基盤を支えるまぎれもない社会的な価値である。しかし、あまりにこのことが強調されると、生き物好きの人たちのほかは、いい加減うんざりしてしまう。もちろん、多くの人に里地里山の生物多様性を身近に感じてもらう努力は大切だ。しかし、里地里山には生き物たちを育むだけではないたくさんの価値がある。これを発掘し伝えることが、今、何より求められているのではないか。

人の興味は多様だ。美しさよりも生活のために利潤を得たい人もいるだろう。生物多様性よりも社会の福祉に強い関心のある人もいるだろう。そのどんな興味関心とも関わりを持ちうるものが、里地里山だと私は考えている。

現代における里山の価値

それでは、現代において里山はいったいどのような価値を持ち、どんな興味関心と関わるのだろうか。生物多様性以外の部分を、ざっと眺めておこう。

第一に、経済活動の場としての価値がある。言うまでもなく、これは里地里山が成立して以来、ずっと保持していた基本的な価値だ。第二章で説明したように、高度経済成長期以降、薪炭や飼料・肥料の採取の場、作物生産の場としての価値は大きく減じた。しかし、そうした価値がまったくなくなったわけではない。近年話題となっている木質バイオマスは、カタカナ語になっているからわかりにくいが、簡単に言えば「薪」という意味である。現在のところ、木質バイオマスは、主に人工林の整備・活用という視点から注目を浴びている。しかし、里山の雑木林も十分に資源となりうる。木質バイオマスは、工業用のボイラーや発電に使用するだけでなく、現在静かなブームとなっている家庭用の薪ストーブにも利用できる。

従来なかった新しいタイプの経済的価値も、里地里山の中に生まれている。里地里山で生産された農産物をブランド化する動きはその主たるものだ。かつては農産物といえば里地里山で生産するのが当たり前だった。しかし今はそれが希少になった。希少なものに関心が集まり需要が高まれば、それだけ経済的な価値は高まる。私たちは、里地里山に受け継がれてきた伝統的な農法で育てたお米や野菜を選んで買うことで、その保全・活用を応援することができる。また、里地里山にある資源を活かしたグリーンツーリズムやエコツーリズムにも注目が集まりつつある。里地里山は、ありふれた日常の風景から、わざわざ訪れて楽しむ場所になった。もちろん、人が訪れるということは、経済効果を生み出すだけでなく、その場所の生態系や生活に負の影響を及ぼす可能性もある。そこにはしっかりと注意を払う必要がある。

第二に、文化財としての価値がある。歴史や古美術に興味がなくとも、古代の遺跡や伝統ある寺院に残された仏像を、ぞんざいに扱ったり、特別な理由もなく破壊したりしてもいいと思う人はいないだろう。それは、祖先が苦労して作り上げたものや、私たちのルーツを辿れるものは大切にすべきだという、社会で共有された価値観があるからだ。里地里山も、長い歴史の中で私たちの祖先が大地の上に造り上げてきた遺産であり、文化財として十分な価値を有している。その価値を認定しようという動きもある。

国際連合食糧農業機関（FAO）が進める「世界農業遺産」には、二〇一五（平成二七）年現在、日本国内で五つの里地里山を含む地域システムが登録されている。具体的には「能登の里山里海」（石川県）、「トキと共生する佐渡の里山」（新潟県）、「静岡の茶草場農法」（静岡県）、「阿蘇の草原の維持と持続的農業」（熊本県）、「クヌギ林とため池がつなぐ国東半島・宇佐の農林水産循環」（大分県）である。こうした認定制度は、先に書いた農産物のブランド化やツーリズムにも大きな追い風となっている。しかし、誤解してはならないのが、こうして選ばれた里地里山だけが価値を有するのではないことだ。どんなに特徴がなさそうに見える里地里山であっても、二つとして同じものはない。どんな場所でも、その地域固有の人と自然の関わりの歴史がその中に秘められている。それこそが文化の豊かさというものだ。

第三に、地域に人のつながりをつくり、世代を超えて文化を伝えていく場としての価値がある。この本でもたびたび触れてきたように、かつて、里地里山の管理と利用は、集落全体で行われてきた。里地里山という場は、そうした作業や行事を通じて、集落の人々の絆を醸成する場となっていた。現代においても、第三章で紹介した湧水湿地の保全グループの例のように、里地里山は地域の人々が保全作業を通じて生きがいをみつけ、交流する場となっている。都市の中にある里地里山を活かした公園は、子供たちが田んぼ作業や森林整備を通じて地域に受け継がれてきた里地里山の文化に親しんだり、収穫の喜びを味わったりする場として活用されている。こうした活動は、整地されたグランドや芝生ばかりの公園では果たしえない。

里地里山の価値は、もちろんこれだけではない。そのほかにも、地域の気候を緩和する役割を持つし、いざというときには、食料や水を供給して私たちの生活を守ってくれる。気がつかないだけで、私たちはまだ里地里山の恩恵を受けているし、これからも受ける可能性がある。

ただ、現在残されたすべての里地里山を残すことは、現実問題として難しい。中山間地のように管理する人が少ない場所ではなおさらだ。何が何でも、すべてを従来通りに管理し続けなければならない、というのは行き過ぎた考え方だ。周囲に多くの種子供給源が残されていて、多少の手助けをすることで正常な植生遷移が期待できるところでは、少しずつ自然植生に戻してゆくことも、選択肢の一つではある。里地里山は究極的には人の社会が作ったものであり、社会が変化すればそれに応じた対応が必要だろう。もちろん、自然林に戻すことを検討する際には、上に紹介したような価値を正しく認識した上で、第二章で指摘したような問題点をどうクリアするのかを、十分に吟味する必要がある。

各地域にどれほどの里地里山が必要で、どのような管理をしていくのが生き物たちにとっても社会にとっても適切なのか。これは難しい問題だ。知見や情報が限られているからというだけでなく、社会全体で合意しなければならないことだからだ。私は、少なくとも都市近郊に断片的に残っている里地里山は、失わせてはならないと考えるが、これとて地域の人々全員が同意するとは限らない。里地里山の保全の方針は、自然科学の側面から検討するのではうまくいかない。社会的・経済的な側面からも充分に研究を行い、多くの人が関心を持って、根気強く議論してゆかなくてはならない。

2　里山と付き合う

地域を知ること

里地里山の自然環境や文化について、わからないことはまだまだ多い。何しろ、かつては自然環境には見るべきものがないと考えられ、古臭い文化のある場所と考えられてきた。研究対象として脚光を浴びるのは、つい最近になってからだ。しかも、その面積はべらぼうに広い。そんな中に多くの要素が絡み合って存在しているから、ちょっとやそっと見ただけではまったく把握できない。第三章に書いたように、湧水湿地の数や分布といったような基本的な情報さえ明らかになっていないし、埋もれたままになっている歴史や文化もかなりあるだろう。
私は、この未知なる里地里山に対して、地理学という分野からアプローチしてきた。地理学は、単に「何がどこにあるのか」を調べるだけの分野ではない。そのモノやコトが、なぜそこにあるのか（そこで行われているのか）を、時を追うごとに分布が変化したとなれば、それはいかなる理由によるものかを、自然・社会を問わず様々な情報を参照しながら追究してゆく分野だ。

里地里山の本質に迫ることと、地理学は相性がよい。里地里山という場所は、先にも書いたように、気候・地形・地質・植生といった自然の秩序と、歴史・文化・経済といった人の活動が複雑に絡み合って成り立っている。地理学は、その両方にまなざしを持つからだ。刻一刻と変化する生物の分布や人の活動範囲はたがいに連動しているから、そのどちらかだけを見るのではまったく不十分である。里地里山を知ることは、まるごと地域を知ることだと言ってもいい。

かつて里地里山に暮らした人たちにとって、地域を知ることは、そこで生活を送るための必須科目であった。どこに行けば、どんな木が生えているのか。それは薪に適したものなのか、そうでないのか。どのため池が、勝手に引水してはいけない共有の池なのか。松五郎さんがキツネに化かされた山はどこで、そこでは、どんなことに気を付けなければならないのか。それらを知っていなければ、村人としての資格はもとより、自分の命さえ危ないこともあった。極端に言えば、地域を知ることは、生活や命を守ることと同じだった。

ところが、それは大きく変わる。高度経済成長期以降、都市やその近郊では、地域を知ることは必要最低限で良くなった。せいぜい、通勤通学に使うバス停や駅までの道や、最寄りのコンビニとスーパー、金融機関と役所、そしてごみステーションの場所さえ知っていれば、まず問題なく地域に暮らせるようになった。燃料や食料、水といった生活必需品は、時に海を越えて、遠い場所から運ばれてくる。だから、わざわざ時間と労力をかけてまで地域を知ろうと思う人は、物好きの類になってしまった。

では、現代に生きる私たちにとって、地域を知る必要はもはやないのか。そうは思わない。第二章の最後に書いたように、地域の自然環境や歴史を知ることは、防災上有益である。それだけではない。「こんな場所があったのか」「こんなことが行われていたのか」と、退屈な日常にちょっぴり、知的興奮というスパイスを振りかけることもできる。そして、地域について知識が増えたら、きっとそこが好きになる。もちろんよくない面を見つけることもあるだろう。しかしそれを知らなければ、それをどう改善すべきか考え、実行していくこともできない。つまるところ、地域を知ることは、暮らしを安全にし、豊かにすることにつながる。生活必需品は地域を越えて運ばれてきても、まったく住む地域の環境から影響を受けずに暮らすことはできない。このことを私たちは忘れてはならないだろう。

里地里山には、その地域を知る手がかりが、ぎゅっと詰め込まれている。そこで、残された里地里山を知ることから、地域を見つめてみることをお勧めしたい。

里山を見つける

もしあなたが興味を持ち、身近な地域の里地里山を知りたいと思ったら、何から始めたらいいだろうか。まずは、それがどこに残されているか、知る必要がある。

高校時代の私がそうだったが、地域の中をとりあえずあちこち歩いてみることも一つの手だ。私の現在住んでいる場所の近くに、舞岡公園という里地里山をそのまま活かした公園がある。この公園の保全活動に初期から関わるメンバーの一人は、地域を流れる柏尾《かしお》川の源流部で自然の残されているところはないだろうかと、一つ一つ丹念に支流を歩き、その果てに舞岡の森にたどり着いたという（浅羽『里山公園と「市民の森」づくりの物語』、二〇〇三）。地域によっては外ればかりになるかもしれないが、それはそれで無駄ではない。歩くごとに知らなかった地域の表情に出会い、親しみを感じるようになるはずだ。

現代では、デジタルの力を借りるのもよい。たとえば、グーグル・アースなどの空中写真データから、起伏に富んだ緑の塊をみつけることもできる。地図の読める人なら、国土地理院の地図サイト「地理院地図」から、里地里山に典型的なパッチワーク状の土地利用を探すのもいい（もちろん紙の二万五千分の一地形図からでもよい）。しかし、どんなにスピーディにデジタルを駆使しても、その後はスローかつアナログに事を進めることが大切だ。

つい数十年前まで、人々は職場である里地里山に、徒歩や牛車でアプローチした。人を含む生き物の力だけでアプローチすることは、出発地からの距離感、その場所の広さ、起伏の程度を頭ではなく身体で理解することにつながった。その中で、景観や生き物に対する観察眼、そこに何かがいるかもしれないという想像力が育まれた。現代の私たちも、里地里山をより深く知ろうとするならば、できるだけ人力に近い手段（徒歩や自転車）で出かけたい。そして道すがら、景色を眺めるだけでなく、気温や風の感触、木々や落ち葉の発する匂い、生き物や人が活動する音を感じ取りたい。そうすることが、里地里山を、ひいては地域を理解する一番の近道になる。

里地里山を歩き始めて間もない頃、鮮烈な経験をした。自転車を降りて春浅い雑木林へ入っていくと、ふわっと奇妙な匂いに包まれた。鼻の奥をくすぐるような独特の臭気だった。そして、初めて匂いのはずなのに、どういうわけか急に懐かしい気分が込み上げてきた。最初、それは雨にぬれた落ち葉が発酵した匂いだと思った。ところが、歩いていくと時々、その匂いが強まるところがあった。立ち止まってよく見てみると、小さな葉をつけた常緑の低木があって、枝にびっしりと小さな白い花を付けていた。どうもその花が、この匂いを発しているようだった。

あとで調べたところによると、それはヒサカキという名前の木で、知多半島の雑木林の代表的な構成種だった。知多半島の雑木林の春は、この匂いとともに始まるのだ。それは、かつて里地里山とともに暮らした人たちにとっては変哲もないことなのかもしれない。だから、いろいろと読んだ資料にも、この匂いのことなどは書かれていなかった。実際に体験してはじめてわかったことだ。もし仮に「知多半島の雑木林では、春にヒサカキという木の花がよく見られ、変った匂いを漂わせます」という記述を読んだとしても、それがどんなものかはまったく理解し得えないことだった。

竜の住む里山をつくる

「『知る』ことは『感じる』ことの半分も重要ではないと固く信じています」。

レイチェル・カーソンは著書『センス・オブ・ワンダー』の中でこう記している。そして、このように続ける。「美しいものを美しいと感じる感覚、新しいものや未知なものに触れたときの感激、思いやり、憐み、讃嘆や愛情などのさまざまな形の感情がひとたび呼びさまされると、次はその対象となるものについてもっとよく知りたいと思うようになります。そのようにして見つけだした知識は、しっかりと身につきます」。

里地里山を知るという活動は、そこに生きる生物の固有名詞を覚え、自然の仕組みに関する科学的知識を得ることとイコールで結びつくように考えてしまいがちだ。しかし、それは少し違う。もちろん、図鑑を使ったり、人に教えてもらったりして、出会った生き物の名前を知ることは大切なことである。しかし、新しい友人を作るときと同じで、その人の名前やプロフィールを知ることは親しくなる手段であったとしても、目的ではない。まずその人の魅力に気付き、顔を突き合わせて様々な話をしていくなかで、その人となりが見えてくるように、里地里山に何度も足を運び、様々な体験をすることを通じて、その姿がだんだんと見えてくるようになる。里地里山を「知る」ことよりもまず、「感じる」ことが必要だ。

私は、里地里山の保全のスローガンとして「竜の住む里山をつくる」というのはどうだろうかと考える。竜というのは一つの例だ。人を化かすキツネであってもよいし、地域によって河童や天狗であってもよい。その地域に語り継がれてきたちょっと恐ろしい里地里山の象徴が、ずっと住める場所を確保することこそ、究極の目標になるだろうと思うのだ。

それはこういう理由からだ。彼らは里地里山の奥深さや不思議さが具現化されたものである。奥深さや不思議さが感じられるボリュームのある里地里山には、豊かで複雑な生態系が成立し、オオタカやキツネをはじめとした現実の生物も多く生息しているはずだ。また、その場所に畏怖や感謝の気持ちを持つことではじめて、竜たちは人の心の中に生まれ、多くの人がそれを共有することで伝説となる。つまり、彼らが住んでいるということは、里地里山を自分とのつながりのある大切な場所だと認識している人が、地域にたくさんいるということだ。

彼らの存在を感じることは、まさにカーソンの言う『センス・オブ・ワンダー』である。彼らの存在を感じるためには、彼らの住むことができるまとまった奥深い里地里山が残されていることと、そこに親しみ、たくさんの不思議さ、美しさ、感激、といった感情を呼び覚まされるような経験をすることが必要だ。

残念なことに、私はまだ研究フィールドの里地里山で竜に出会ったことはない。しかし、いつかこの本を読んだ皆さんと一緒に、シラタマホシクサの白い花で岸辺の湿地が埋まったため池で、たくさんの生き物たちの息遣いとそこで暮らす人の気配を感じながら、一頭の大きな竜が悠々と水面を泳いでいる姿を眺めたい。

あとがき

「里山の本を書きませんか？」とお誘いを頂いたのは、二〇一四年の暮れだった。『なごや野の花』という野草の写真集に触発されて、カメラを持って知多半島を歩きだしたのが一九九五年のことだから、二〇一五年はちょうど二〇年の節目になる。この区切りで、これまでの体験や研究のあらましをまとめるのもよいかもしれない。そう思った私は、果たして本になるだけのものが書けるだろうかと不安に感じながらも、「よろしくお願いします」と返事をしてしまった。しかし、冷静になってみると困ったことになったぞ、と思った。

里山に関連する本は、折からの里山ブームであまた出版されている。本書でも引用した『里山の自然をまもる』（築地書館、一九九三年）は、里山ブームが始まる前の里山黎明期とでも言える時期のわかりやすい入門書だ。今でもその内容は古びておらず、私も大学の授業などで頻繁に活用させていただいている。また、二〇〇〇年代に入ってからの『里山の環境学』（東京大学出版会、二〇〇一年）と『里山の生態学』（名古屋大学出版会、二〇〇二年）は、里山に関する総合的・網羅的な学術書だ。里山がブームとなり、言葉が一人歩きをしそうになる時代背景の中で、しっかりと地に足の着いた研究事例が豊富に報告されている。保育社から出版されているエコロジーガイドシリーズの『人里の自然』（一九九五年）や『里山の自然』（一九九七年）は、美しいカラー写真と平易な解説で、里山とそこに住む生き物たちを身近に感じさせる工夫に満ちている。ここに挙げたのはほんの一例であり、この本に引用していないものも含めて、様々な趣向の素晴らしい「里山本」がすでに世の中に満ちている。これから書こうとする本が入り込む余地は、どこにあるのだろうか。

たくさんの人に里山への興味や知識を深めてもらいたいという気持ちは、本のお話を頂く前からずっとあった。至らないながら、いろいろな場所でお話をさせていただく機会もこれまでもあった。しかし、本を書くというのは、講演と似て非なる活動だ。例えて言うならば、一人一人の顔の表情が見えない広大なホールで、長時間にわたって一人語りをするようなものだ。それに見合う内容とは何だろうか。何日か悩んだ挙句、背伸びはせず、最初に考えた通り、私自身が実際に見聞きし、調査したことを中心にまとめることにした。網羅的な内容は私一人では書けそうにないし、内容の濃さや豊富さでは到底先行する本に及ばないものになってしまう。それよりも、実際の観察や調査を通じたオリジナルの経験を、一つ一つ丁寧にお伝えすることに徹しようと考えた。

この方針の結果、取り上げる地域は限られてしまったし、内容もかなり偏っている。けれども、取り上げた大部分の事例は、特定の地域にだけ当てはまるものではない。里山が生まれてから、大変革を起こしている現在を迎えるまでの流れは、地域ごとに様々なバリエーションはあるけれども、全体として大きな方向性を持っている。また、湧水湿地やため池は地理的に遍在しているが、それらがない地域には、また別のオリジナルな里山の構成要素があるはずだ。以上のような観点から、この本で取り上げた事例をヒントにして、それぞれのお住いの地域の里山の来し方を調べ、行く末を考えていただければ、筆者としてこれ以上の喜びはない。それぞれの地域で身近な里山に関心を持つ人が増えることは、結果として日本の自然環境の保全にとって大きな力になる。

さて、本文中で紹介した調査や研究は、長期にわたって実地で行っているもので、中には現在進行中のものもある。これらを進める中で、たくさんの方々のご支援やご指導を頂いた。本文中でお名前を挙げさせていただいた方はもとより、ここに記す方にも特別にお礼を申し上げなくてはならない。

まず、ため池の研究のきっかけを与えてくださり、聞き取りや、古地図・古文書を用いた研究の方法をご指導くださった溝口常俊先生、地形学に基づく自然環境の見方を教えていただいた海津正倫先生、植生学の技法や視点を教えて頂き、数少ない湧水湿地の先駆的研究者としても相談に乗ってくださった広木詔三先生。このほか、学生時代から現在に至るまで、多くの先生方や先輩方に様々な形でご指導・ご助言を頂いた。

第二章の「語りからみる里山」、第三章の「記憶の中のシラタマホシクサ」と「湧水湿地の水で育てたうまい米」、第四章の「原風景としてのため池」などで紹介した聞き取りは、それぞれの地域に長くお住いの方々の貴重な時間を頂戴して、大切な思い出を語っていただいたものだ。直接記述した部分だけでなく、里山における人と自然の関わりを考える上で欠かせない知識や示唆の多くは、こうした方々からの聞き取りから得たものだ。

また、各研究フィールドにおいて調査の便宜を図ってくださり、また、手伝いをしてくださった多くの方々。「壱町田湿地を守る会」や「名古屋山歩きサークルさんぽ」をはじめとした、本書の内容のもととなる重要な体験を与えてくださった多くの方々。このほかたくさんの方々に助けていただいて、はじめてこの本を完成させることができた。

最後に、本書の企画を持ってきてくださり、編集にお骨折りくださった花伝社の佐藤恭介さんをはじめとした花伝社の皆さまと、草稿を読んでくれた妻の由貴にお礼を述べたい。

引用・参照文献リスト

章別に、書籍とそれ以外に分けて編著者の五〇音順に並べた。複数の章にわたって引用・参照した文献は、原則として初出の章に掲げた。

第一章

【書籍】

・かつおきんや（二〇一三）『時代の証人　新美南吉』風媒社
・上山智子（一九九三）『幻の花々とともに―壱町田湿地の四季』風媒社
・間瀬時江（二〇〇五）『昭和の絵手紙―回想はがき絵ものがたり』（ニイミコンテンツサービス）
・安原修次（一九九〇）『なごや野の花』エフエー出版

第二章

【書籍】

・有岡利幸（二〇〇四）『里山Ⅰ・Ⅱ（ものと人間の文化史118）』法政大学出版局
・石井実・植田邦彦・重松敏則（一九九三）『里山の自然をまもる』築地書館
・内山節（二〇〇七）『日本人はなぜキツネにだまされなくなったのか』講談社現代新書

・岡光夫・守田志郎（校注）（一九七九）『日本農書全集第一六巻　百姓伝記巻一～巻七』農山漁村文化協会
・岡光夫（校注）（一九七九）『日本農書全集第一七巻　百姓伝記巻八～巻一五』農山漁村文化協会
・大府市（編）（一九八三）『大府のむかしばなし』大府市
・加藤安信（編）（二〇〇〇）『遺跡からのメッセージ　発掘調査が語る愛知県の歴史』中日新聞社
・木原克之（一九八八）『知多半島を読む―海・山・いきもの・村の歴史』愛知県郷土資料刊行会
・黒瀬町史編さん委員会（編）（二〇〇三）『黒瀬町史　環境・生活編』黒瀬町
・国書刊行会（編）（一九八六）『目で見る愛知の江戸時代（上・中・下）』国書刊行会
・自然環境復元協会（編）（二〇〇〇）『農村ビオトープ　農業生産と自然との共存』信山社サイテック
・下田路子（二〇〇三）『水田の生物をよみがえらせる―農村のにぎわいはどこへ』岩波書店
・須賀丈・岡本透・丑丸敦史（二〇一二）『草地と日本人―日本列島草原1万年の旅』築地書館
・瀬戸市史編さん委員会（編）（一九九六）『近世の瀬戸―ここで作り、ここで暮らした』第一法規出版
・武内和彦・鷲谷いづみ・恒川篤史（編）（二〇〇一）『里山の環境学』東京大学出版会
・武豊町誌編さん委員会（編）（一九八三）『武豊町誌　資料編二』武豊町
・千葉徳爾（一九九一）『増補改訂　はげ山の研究』そしえて
・東海市の民話執筆委員会（編）（一九九二）『東海市の民話』東海市教育委員会
・日進町（一九八三）『日進町誌　本文編』日進町
・日本生態学会（編）（二〇一二）『生態学入門　第二版』東京化学同人
・浜島繁隆（二〇〇六）『知多半島の植物誌』トンボ出版

・林一六（一九九〇）『自然地理学講座5　植生地理学』大明堂
・広木詔三（編）（二〇〇二）『里山の生態学―その成り立ちと保全のあり方』名古屋大学出版会
・藤澤良祐（二〇〇五）『瀬戸窯跡群―歴史を刻む日本の代表的窯跡群』同成社
・福岡猛志（一九九一）『シリーズ愛知2　知多の歴史』松籟社
・松井健・武内和彦・田村俊和（編）（一九九〇）『丘陵地の自然環境―その特性と保全』古今書院
・森まゆみ（二〇〇一）『森の人四手井綱英の九十年』晶文社
・守山弘（一九九七）『水田を守るとはどういうことか―生物相の視点から』農山漁村文化協会
・守山弘（一九九七）『自然環境との付き合い方6　むらの自然をいかす』岩波書店
・湯本貴和（編）、松田裕之・矢原徹一（責任編集）（二〇一一）『シリーズ日本列島の三万五千年―人と自然の環境史1　環境史とは何か』文一総合出版
・湯本貴和（編）、湯本貴和・大住克博（責任編集）（二〇一一）『シリーズ日本列島の三万五千年―人と自然の環境史3　里と林の環境史』文一総合出版
・吉田弘・河和中学校（一九八〇）『続・知多のむかし話』愛知県郷土資料刊行会
・レイチェル・カーソン（一九七四）『沈黙の春』新潮文庫（青樹簗一訳）

【論文・報告書・ウェブサイト等】

・愛知県農林水産部森林保全課（編）（二〇〇五）はげ山復旧の一世紀　ホフマン工事と萩御殿．愛知県
・青木美智男（一九九六）近世知多半島の「雨池」と村落景観―民話と歴史の接点から．知多半島の歴史と現在7．p.91-127
・伊藤秀三・川里弘孝（一九七八）わが国における二次林の分布．吉岡邦二博士追悼植物生態論集．

p.281-284.
・井田秀行・庄司貴弘・後藤彩・池田千加・土本俊和（二〇一〇）豪雪地帯における伝統的民家と里山林の構成樹種にみられる対応関係．日本森林学会誌92：p.139-144.
・NPO法人野生生物調査協会・NPO法人Envision環境保全事務所．日本のレッドデータ検索システム http://www.jpnrdb.com/（二〇一五年二月確認）
・環境省（二〇〇一）日本の里地里山の調査・分析について（中間報告）．http://www.env.go.jp/nature/satoyama/chukan.html（二〇一五年四月一日確認）
・環境省（二〇一二）生物多様性評価の地図化に関する検討調査業務報告書．http://www.biodic.go.jp/biodiversity/activity/policy/map/files/h23report_all.pdf（二〇一五年四月一日確認）
・唐津市観光協会．かんね話「松葉買い」．http://www.karatsu-kankou.jp/kanne2.html（二〇一五年四月一日確認）
・佐々木尚子・高原光・湯本貴和（二〇一一）堆積物中の花粉組成からみた京都盆地周辺における「里山」林の成立過程．地球環境16（2）：p.115-127.
・中野晴久（一九九〇）中世窯業産地としての知多半島．知多半島の歴史と現在2：p.1-24.
・農林水産省（二〇一五）農業生産基盤の整備状況について（食料・農業・農村政策審議会農業農村振興整備部会平成二六年度第四回配布資料）．http://www.maff.go.jp/j/council/seisaku/nousin/bukai/h26_4/pdf/siryou6.pdf（二〇一五年四月三日確認）
・福田秀志・鷲沢野乃香（二〇一三）新聞記事に見る知多半島におけるキツネ（Vulpes vulpes）の生息状況．日本福祉大学健康科学論集16：p.55-59.

第三章

【書籍】

・大畑孝二（二〇一三）『里山と湿地を守るレンジャー奮闘記―豊田市自然観察の森とラムサール条約』日本野鳥の会

・角野康郎・遊磨正秀（一九九五）『エコロジーガイド　ウェットランドの自然』保育社

・阪口豊（一九七四）『泥炭地の地学―環境の変化を探る』東京大学出版会

・芹沢俊介（一九九五）『エコロジーガイド　人里の自然』保育社

・高田雅之（責任編集）辻井達一・岡田操・高田雅之（二〇一四）『湿地の博物誌』北海道大学出版会

・高橋村誌編さん委員会（一九八五）『高橋村誌』高橋村誌編さん委員会

・豊橋市教育委員会（編）（二〇一〇）『写真集　愛知県指定天然記念物　葦毛湿原の記録』豊橋市教育委員会

【論文・報告書・ウェブサイト等】

・愛知県環境調査センター（編）（二〇〇九）レッドデータブックあいち2009．https://www.pref.aichi.jp/kankyo/sizen-ka/shizen/yasei/rdb/（二〇一五年四月二日確認）

・愛知県環境部自然環境課（二〇〇七）湿地・湿原生態系保全の考え方―適切な保全活動の推進を目指して．http://kankyojoho.pref.aichi.jp/DownLoad/FileInfo.aspx?ID=71（二〇一五年四月一日確認）

・井波一雄（一九五六）シラタマホシクサの分布について．北陸の植物5：p.122-125．

・植田邦彦（一九八九）東海丘陵要素の植物地理I　定義．植物分類・地理40：p.190-202．

・環境庁自然保護局（一九九五）自然環境保全基礎調査　湿地調査報告書．http://www.biodic.go.jp/

reports3/5th/5_wetland/5_wetland.pdf（二〇一五年四月二日確認）

第四章

【書籍】

・愛知用水公団・愛知県（編）（一九六八）『愛知用水史』愛知用水公団・愛知県
・阿久比町誌編さん委員会（編）（一九九五）『阿久比町誌資料編8　民俗』阿久比町
・内田和子（二〇〇三）『日本のため池―防災と環境保全』海青社
・鈴木棠三・朝倉治彦（校註）（一九七五）『新版江戸名所図会　中巻』角川書店
・ため池の自然談話会（編）（一九九四）『身近な水辺　ため池の自然学入門』合同出版
・浜島繁隆・土山ふみ・近藤繁生・益田芳樹（編著）（二〇〇一）『ため池の自然―生き物たちと風景』信山社サイテック
・南知多町誌編さん委員会（編）（一九九一）『南知多町誌　本文編』南知多町
・吉田弘・河和中学校（一九七九）『知多のむかし話』愛知県郷土資料刊行会

【論文・報告書・ウェブサイト等】

・愛知県農林水産部（編）（二〇〇七）愛知県ため池保全構想―未来に伝えよう地域のたから．http://www.pref.aichi.jp/nochi-keikaku/honpen.pdf（二〇一五年四月二日確認）
・青木美智男（二〇〇三）近世尾州知多郡の自然景観と「雨池」民話の生成―新美南吉『ごんぎつね』誕生の背景を探る．知多半島の歴史と現在12．p.141-162．
・石井禎基・角野康郎（二〇〇三）兵庫県東播磨地方のため池における過去約20年間の水生植物相の変化．

保全生態学研究８：p.25-32.
・河合克己（二〇〇八）昔話の中のため池―愛知県の場合．知多半島の歴史と現在14．p.55-102.
・竹内常行（一九三九）溜池の分布に就いて(1)～(3)．地理学評論15：p.283-300, 319-342, 444-457.
・知多市ホームページ「知多の梅林佐布里池」http://www.city.chita.lg.jp/docs/2013122000399/（二〇一五年四月二四日確認）
・浜島繁隆（二〇〇八）東海地方におけるため池と灌漑用水路の水草の分布と水質．植物地理・分類研究56：p.63-71.
・藤井弘章・東條さやか（二〇〇八）『知多新聞』にみる鵜の山―明治末期から昭和初期のカワウをめぐる新聞報道．知多半島の歴史と現在14．p.103-125.
・松下孜（二〇一一）近世知多地方における雨乞い行事．日本福祉大学こども発達学論集３．p.91-115.

第五章

【書籍】

・浅羽良和（二〇〇三）『里山公園と「市民の森」づくりの物語―よこはま舞岡公園と新治での実践』はる書房
・レイチェル・カーソン（一九九六）『センス・オブ・ワンダー』新潮社．（上遠恵子訳）

なお、新美南吉の童話はすべて「青空文庫」http://www.aozora.gr.jp/ に基づく。

この本は基本的に書き下ろしだが、一部は下記の既発表の論文の内容に基づいている。いずれも原典に、大幅な加筆と修正を加えている。

第二章　2「語りからみる里山」

・富田啓介（二〇〇二）「語り」の中の里山―生活環境主義的視点から見た里山変遷史．知多の自然誌ほたる16：p.19-45.

・富田啓介（二〇一二）住民の語りから見た高度成長期以前の里地・里山景観とその利用―愛知県知多半島の事例．溝口常俊・阿部康久（編）『歴史と環境―歴史地理学の可能性を探る―』p.22-46．花書院

第三章　2「記憶の中のシラタマホシクサ」

・富田啓介（二〇〇六）知多～尾張丘陵におけるシラタマホシクサと地域住民のかかわりの変遷（昭和初期～現代）．愛知県史研究10：p.151-160.

第三章　3「湧水湿地の水で育てたうまい米」

・富田啓介（二〇一二）湧水湿地をめぐる人と自然の関係史―愛知県矢並湿地の事例．地理学評論85：p.85-105.

第三章　4「湧水湿地と人の関わり」

・富田啓介（二〇一四）湧水湿地の保全・活用と地域社会．E-journal GEO 9（1）：p.26-37

第四章　２「原風景としてのため池」、３「ため池はどうして消えたのか」

・富田啓介（二〇〇三）原風景としてのため池を調べる．知多の自然誌ほたる17：p.23-36．
・富田啓介・溝口常俊（二〇〇四）愛知県半田市における灌漑用溜池とその四囲の環境変化．愛知県史研究８：p.240-248．
・富田啓介（二〇〇六）ため池の減少率を規定する土地利用変化―愛知県知多半島中部の事例．地理学評論79：p.335-346．

富田啓介（とみた・けいすけ）
1980年、愛知県生まれ。2009年、名古屋大学大学院環境学研究科修了。博士（地理学）。現在、法政大学文学部地理学科助教。専門は自然地理学、特に地生態学。主な研究テーマは、里地里山における人と自然の関わり、ため池や湧水湿地をはじめとする生物生息地の保全・活用。共著に、『古地図で楽しむなごや今昔』（風媒社）、『歴史と環境―歴史地理学の可能性を探る―』（花書院）、『私の小さな森づくり』（INAX出版）などがある。

里山の「人の気配」を追って——雑木林・湧水湿地・ため池の環境学

2015年7月25日　初版第1刷発行

著者 ——— 富田啓介
発行者 —— 平田　勝
発行 ——— 花伝社
発売 ——— 共栄書房
〒101-0065　東京都千代田区西神田2-5-11出版輸送ビル2F
電話　03-3263-3813
FAX　03-3239-8272
E-mail　kadensha@muf.biglobe.ne.jp
URL　http://kadensha.net
振替 ——— 00140-6-59661
装幀 ——— 三田村邦亮
印刷・製本— 中央精版印刷株式会社

ISBN978-4-7634-0748-1 C0040